Heinrich Arnold

Chemische Dampfablagerung

Akademie-Verlag
Berlin

In zwangloser Folge werden in dieser Form Arbeiten publiziert, die aktuelle Fragen des wissenschaftlich-technischen Fortschritts vornehmlich aus dem komplexen Wissenschaftsgebiet Mikroelektronik im weitesten Sinne behandeln.

Dabei ist schwerpunktmäßig zunächst an folgende Gebiete gedacht:

— Naturwissenschaftlich-technische Grundlagen, Wirkprinzipien, Werkstoffe und Technologie elektronischer Bauelemente und mikroelektronische Schaltkreise, einschließlich Optoelektronik, Mikroakustik u. a.,

— Entwurf mikroelektronischer Schaltungen,

— Anwendung der Mikroelektronik in produzierenden und nichtproduzierenden Bereichen der gesellschaftlichen Praxis, Mikroprozessortechnik, Hard- und Software von Mikrorechnern und Mikrorechnersystemen, einschließlich ihrer Peripherie sowie unter Beachtung der Sensoren-, Aktoren- und Displayproblematik.

Die einzelnen Bände sind jeweils einem Thema gewidmet.

Herausgeber dieser Bände ist Prof. Dr. rer. nat. habil. Helmut Günther Schneider, Karl-Marx-Stadt.

Der Herausgeber nimmt gern Anregungen für die Weitergestaltung der Bände entgegen. Entsprechende Hinweise werden an den Akademie-Verlag oder direkt an den Herausgeber erbeten.

Heinrich Arnold

Chemische Dampfablagerung

CVD-Grundlagen für die Mikroelektronik

Mit 26 Abbildungen

Akademie-Verlag · Berlin 1982

Autor:

Prof. Dr. rer. nat. habil. Heinrich Arnold
o. Professor an der Sektion Physik und Technik elektronischer Bauelemente der Technischen Hochschule Ilmenau

Vom Manuskript des Autors gedruckt

Erschienen im Akademie-Verlag, DDR-1086 Berlin, Leipziger Str. 3—4
Lektor: Dipl.-Phys. Ursula Heilmann

Lizenznummer: 202 · 100/425/81
Umschlag: Willi Bellert
Gesamtherstellung: VEB Kongreß- und Werbedruck, 9273 Oberlungwitz
Bestellnummer: 763 017 3 (6656) · LSV 3535
Printed in GDR
DDR 22,— M

Für H O R S T S A C K M A N N ,

o. Professor für Physikalische Chemie an der Martin-Luther-Universität Halle-Wittenberg,

in dankbarer Verbundenheit

VORWORT

Bei der ständigen Vervollkommnung der Technologie der Mikroelektronik, speziell der Halbleitertechnologie, sind weltweit alle Bemühungen darauf gerichtet, dem Anwender in rascher Folge zunehmend komplexere und zuverlässigere Schaltkreise zur Verfügung zu stellen.

Dies geschieht auf der Grundlage hochentwickelter rechnergestützter Entwurfsverfahren und Schaltungstechniken sowie wirtschaftlich geführter Basistechnologien mit in diesem Jahrzehnt international zu erwartenden Packungsdichten von (0,2 - 1) . 10^3 Gattern pro Quadratmillimeter.[1)] Das erfordert vor allem die Beherrschung minimaler Strukturabmaße (belegt mit dem Stichwort "Submikrometertechnik") sowie exakter Dotierungstechniken im Zusammenhang mit den Herstellungsprozessen für äußerst vollkommene und dünne Halbleiter-, Metall- und Isolatorschichten. Bei letzteren muß an Schichtdicken bis herab zu wenigen nm gedacht werden.

Bei der gleichmäßigen Beschichtung der Substratscheiben [2)], insbesondere bei der Epitaxie mit einkristallinem Si, künftig für besonders schnelle Schaltkreise auch mit GaAs, spielt die CVD (Chemical Vapor Deposition = Chemische Dampfablagerung oder auch -abscheidung) eine bestimmende Rolle.

---

1) a) Eckhardt, D., Hadamovsky, H.-F., Junghans, B., Schneider, H. G.,
Mikroelektronik - Stand und Entwicklung", Akademieverlag Berlin 1981
b) N. N., "Future Technology", Electronics 53 (1980 No. 9) 531

2) Gegenwärtig bei der "Bulk-Technik" aus einkristallinem Si mit Durchmessern von 75 - 100 mm im industriellen Maßstab, 150 mm voraussichtlich in den kommenden Jahren; bei der SOS-Technik aus α- Al_2O_3 oder künftig" irgend einer anderen Art elektrisch isolierenden Trägermaterials", das den hohen Ansprüchen genügt und zugleich wirtschaftlich ist (s. Fußnote 1b).

Die Gründe für die herausragende Stellung der CVD-Verfahren sind in ihrer präzisen Steuerbarkeit und hohen Ansprüchen genügenden Reproduzierbarkeit bei gleichzeitiger Wirtschaftlichkeit zu suchen, die auch für andere Einsatzgebiete maßgebend sind.

Nachdem in der CVD-Technologie anfangs die Empirie, gestützt auf qualitative physikochemische Überlegungen, ganz im Vordergrund stand, erfolgt nun eine zunehmende wissenschaftliche Durchdringung, seit dem Ende der 60er Jahre auch von verfahrenstechnischer Seite. Die Möglichkeiten zur quantitativen Erfassung und Vorhersage sind dabei noch weitgehend auf vereinfachte Grenzsituationen beschränkt.

Die sinnvolle Nutzung dieser Möglichkeiten erfordert eine Prüfung der naturwissenschaftlichen und verfahrenstechnischen Grundlagen, die hier aus der Sicht des Physikochemikers dargestellt werden. Es erfolgt eine neuartige Behandlung von Problemen der Schichtdicken- und Dotierungshomogenität, die in bisherigen CVD-Übersichtsdarstellungen vernachlässigt wurden, aber für die Technologie grundlegend sind. Besonderer Wert wird auf die Gegenüberstellung der Gasphasenepitaxie von Halbleitern mit der Ablagerung polykristalliner oder amorpher Isolator- und Halbleiterschichten gelegt, ohne daß die speziellen kristallographischen Aspekte der Epitaxie, die schon öfter Gegenstand zusammenfassender Darstellungen waren [1], näher betrachtet werden. Auch Einzelheiten der praktischen Durchführung werden kaum wiedergegeben und sind der angeführten Literatur zu entnehmen.

Die mit solchen Einseitigkeiten verbundenen Nachteile werden hoffentlich aufgewogen durch die angestrebte Einheitlichkeit der Darstellung, die auf dem Wege durch das Dickicht der Originalliteratur behilflich sein und Verwirrungen eliminieren soll. Ohne eine vollständige Literaturübersicht anzustreben, werden richtungweisende Untersuchungen - besonders für industriell bereits angewandte oder aussichtsreiche Verfahren -

---

[1] s. Schneider, H. G., Ickert, L., et. al., "Halbleiterepitaxie", Akademische Verlagsgesellschaft Geest und Portig, Leipzig 1982, und hier zahlreich zitierte Epitaxie-Literatur

ausführlicher behandelt.

Über die chemische Dampfablagerung hinaus, bei der sich das Zusammenspiel von Reaktions- und Transportkinetik relativ übersichtlich gestaltet, sind die Betrachtungen auch für kompliziertere heterogene Reaktionen, wie sie insbesondere bei katalytischen Umsetzungen von Gasen vorliegen, von Interesse.

Diese Schrift wendet sich an Chemiker, Physiker, Kirstallographen, Werkstoffwissenschaftler, Bauelementeingenieure und an Verfahrenstechniker, deren stärkere Mitwirkung für die Mikroelektronik-Technologie sehr zu wünschen ist. - Das Manuskript entstand im Ergebnis von Arbeiten am Institut für Chemie und an der Sektion "Physik und Technik elektronischer Bauelemente" der TH Ilmenau. Unser herzlicher Dank gilt allen Kollegen, die zum Zustandkommen dieser Arbeiten beigetragen haben.

H. G. Schneider H. Arnold

Inhaltsverzeichnis

(x) Diese Abschnitte können zunächst übersprungen werden.

0. EINFÜHRUNG

Die chemische Dampfablagerung ist das wichtigste Verfahren zur Erzeugung halbleitender Schichten /1/, die seit der Erfindung des Si-Epitaxie-Transistors im Jahre 1960 /2/ große technische Bedeutung besitzt. Auch für Isolatorschichten finden CVD-Verfahren zunehmende Anwendung. Für Metallschichten sowie für die industrielle Züchtung kompakter Einkristalle treten sie gegenüber anderen Verfahren aus Produktivitätsgründen zurück, während im Labormaßstab durch CVD, besonders in der Variante des chemischen Transports /3/, viele Kristallmaterialien am besten erhalten werden können. Die Grundlagen dieser Einkristallzüchtung und der epitaktischen, d. h. orientierten Aufwachsung von Schichten (insbesondere auf arteigener Unterlage als Homoepitaxie) durch chemische Dampfablagerung haben vieles gemeinsam /4,5/.
Wir werden unsere Formulierungen bevorzugt für die Schichtablagerung auf scheibenförmigen Substraten treffen, die als "Scheibenprozeß" im Rahmen der Mikroelektronik-Technologie das wichtigste Anwendungsgebiet der CVD darstellt /1, 6, 7/. Zunächst sind einige allgemeine Aspekte der praktischen Durchführung solcher CVD-Prozesse zu betrachten.

0.1 APPARATUREN ZUR CHEMISCHEN DAMPFABLAGERUNG

Abb. 1 zeigt eine historische Apparatur zur Si-Ablagerung durch H_2-Reduktion von $SiCl_4$ /2, 8/. Das Kernstück bildet ein Vertikalreaktor aus Quarzglas mit senkrecht angeströmtem Substrat, wie er als einfache Laboranordnung zur Beschichtung einzelner Scheiben auch heute noch verwendet wird. Weiterer Grundbestandteil jeder CVD-Anlage ist das Gasversorgungssystem mit

- gasförmigen oder flüssigen Quellen der Reaktanten [1] sowie der Träger- und Spülgase,
- Dosiervorrichtungen,
- Gasreinigungseinheiten sowie
- Mischvorrichtungen.

---

[1] Hierzu gehören auch die Dotierungsgase sowie Gase für die Ätzung der Scheiben in situ, d.h. im Reaktor unmittelbar vor der Beschichtung. Sie wird für Silizium mit HCl vorgenommen.

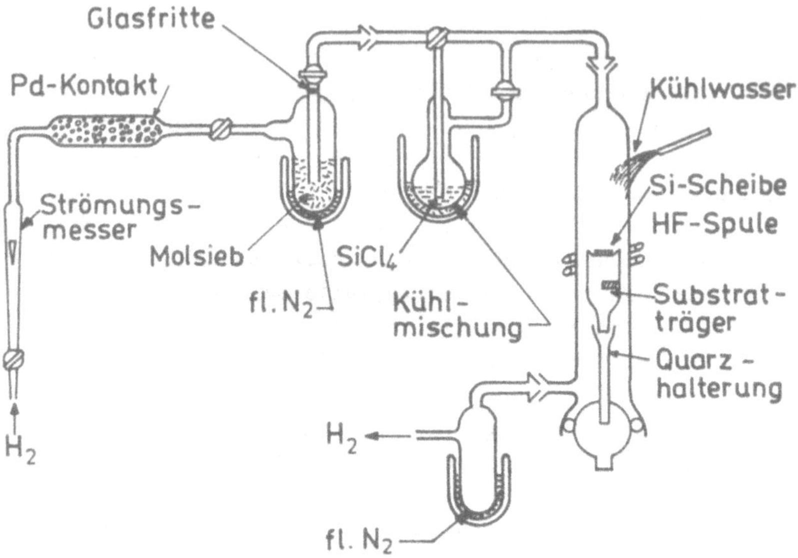

Abb. 1: Si-Epitaxie-Apparatur nach Theurer /8/

Dieses System, das wegen der extremen Reinheitsanforderungen für elektronische Zwecke sehr aufwendig ist /9/, wird in modernen Anlagen mit dem Reaktor, einem gegebenenfalls nachgeschalteten Vakuumsystem /10/, dem Energieversorgungssystem sowie den Meß- und Steuerungseinrichtungen oft in kompakten Schrankanordnungen vereinigt. Hinzu kommen evtl. automatisierte Vorrichtungen zum Be- und Entladen der Substratträger mit den Kristallscheiben /11, 15/.

Abb. 2 zeigt wichtige, in Produktionsanlagen eingesetzte bzw. dafür vorgesehene (Abb. 2g) Reaktortypen /11 - 14/. Der Scheibendurchsatz erfolgt meist diskontinuierlich im Chargenbetrieb (Abb. 2a bis 2e und 2g), wobei eine möglichst große Scheibenzahl pro Charge angestrebt wird.

Eine automatisierungsfreundlichere Variante ist der kontinuierliche Betrieb, beispielsweise nach Abb. 2f. Er ist bevorzugt für die Ablagerung von oxidischen Isolatorschichten bei Atmosphärendruck und relativ niedrigen Temperaturen [1)] eingeführt worden /16, 17/, wo die Separierung des Reaktionsraumes durch strömende

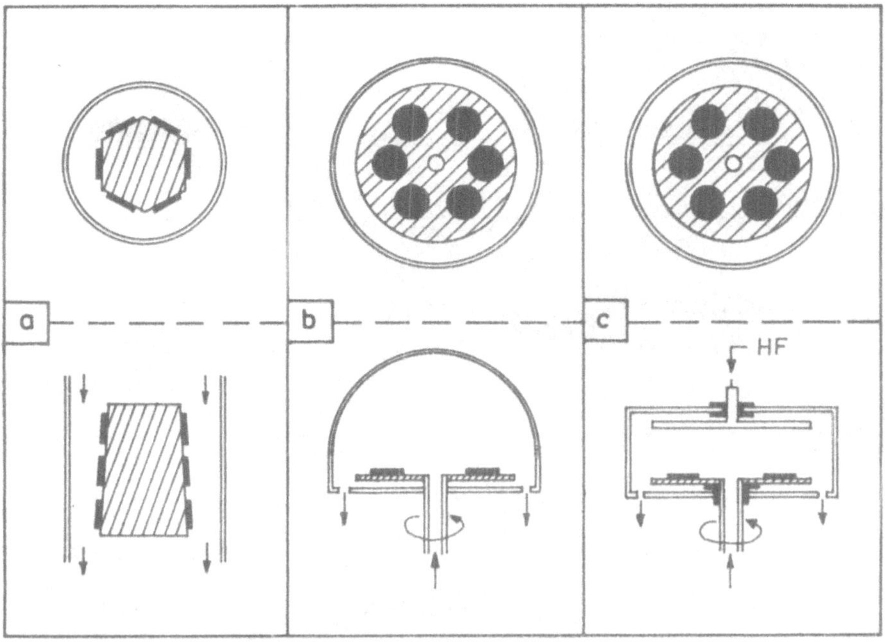

Abb. 2: Wichtige CVD-Raktortypen im Längs- und Querschnitt
a) Pyramidenreaktor
b) Teller-Reaktor mit rotierendem Substratträger-Teller
c) Teller-Reaktor mit Hochfrequenz-Elektrode (HF) zur Plasma-Aktivierung (Rotierender Substratträger-Teller als Gegenelektrode)

Inertgas-"Vorhänge" am Scheibenein- und austritt erfolgen kann, und wird besonders bei hohen Stückzahlen rentabel. Bei semikontinuierlichen Varianten /11, 13/ erfolgt der Scheibendurchsatz schrittweise, wobei Schleusensysteme anwendbar sind.

Für CVD-Prozesse bei höheren Temperaturen, insbesonders auch für die Epitaxie mit ihren besonderen Reinheitsforderungen, wird der diskontinuierliche Chargenbetrieb auf absehbare Zeit beibehalten werden. Besonders bei größeren Chargen sind Maßnahmen zur Kompen-

[1] 350...450°C für SiO_2- und Phosphorsilikatgläser zur abschliessenden Passivierung von Schaltkreisen. Diese erfordert nach der meist mit Aluminium vorgenommenen Kontaktierung des Si, dessen Eutektikum mit Al bei 577°C schmilzt, Temperaturen unter 500°C. In solchen Fällen wird von "Low Temperature CVD" gesprochen /13, 17/.

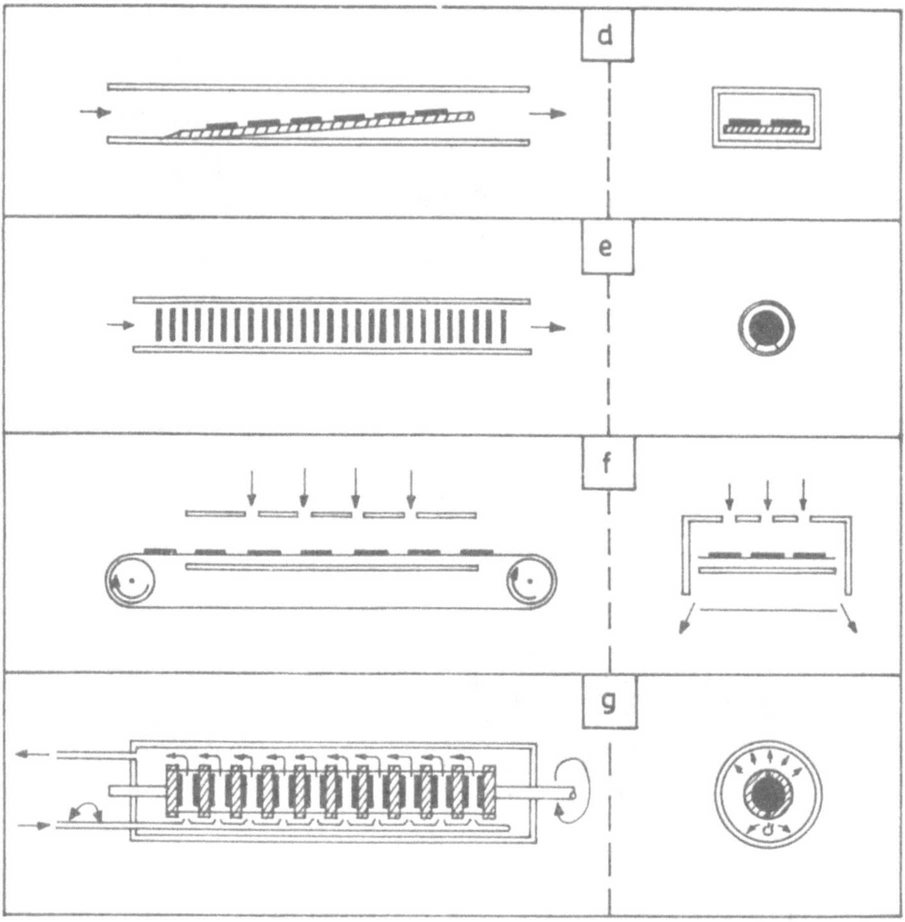

Abb. 2: d) Rechteck-Horizontalreaktor mit geneigtem Substratträger
e) LPCVD (Low Pressure CVD)-Reaktor
f) Reaktor für kontinuierlichen Scheibendurchsatz
g) Rotary Disc (RD)-Reaktor

sation der Reaktantenverarmung im Gasraum erforderlich, um die Einheitlichkeit der Schichtdicke zu gewährleisten. Dazu dienen geeignete Temperaturprofile (besonders im Unterdruck-Raktor nach Abb. 2e), gegen den Gasstrom geneigte Substrate (in Abb. 2a und 2d) sowie Rotationsbewegungen der Substrate um ihre eigene Achse (in Abb. 2g).

Besondere Verhältnisse liegen bei nicht-thermischer Aktivierung der Reaktanten vor /1/, die für die CVD in Form der Plasma-Aktivierung erste industrielle Anwendungen gefunden hat. Diese wird bei $10^1 - 10^2$ Pa durch eine Glimmentladung vorgenommen /18/. Hierbei ist die Energiedichteverteilung im Plasma für die Einheitlichkeit der Schichtdicke entscheidend, wobei sich die Elektrodenanordnung im Tellerreaktor nach Abb. 2c bewährt hat /17, 19, 20/. Daneben kommen auch semikontinuierlich arbeitende Reaktoren in Betracht /11/. Die plasmachemische Dampfablagerung ermöglicht eine Erzeugung amorpher Isolatorschichten bei besonders niedrigen Temperaturen und ist vor allem für Siliziumnitrid eingeführt worden.

Die normale, thermisch aktivierte CVD wurde industriell ausschließlich bei Atmosphärendruck ($\approx 10^5$ Pa) durchgeführt, bis sich Mitte der 70er Jahre die Unterdruck-CVD bei ca. 10^2 Pa für die Ablagerung von polykristallinem Si und von Isolatorschichten bei hohen Temperaturen als wesentlich günstiger erwies /17, 21, 22/. Dabei ermöglicht die Scheibenanordnung nach Abb. 2e stark vergrößerte Chargen (ca. 10^2 Scheiben) mit verbesserter Schichtdickenhomogenität. Diese Anordnung kommt auch dem gegenwärtigen Trend zur Vergrößerung der Scheibendurchmesser entgegen.

Epitaxieschichten werden nach wie vor hauptsächlich in Pyramiden- oder Rechteckhorizontalreaktoren nach Abb. 2a und 2d, bei kleinerem Produktionsumfang auch in Tellerreaktoren nach Abb. 2b, unter Atmosphärendruck abgelagert. Eine Reduzierung des Druckes um etwa eine Größenordnung, die allerdings bei Rechteckreaktoren wegen der Implosionsgefahr der Quarzrohre kaum in Betracht kommt, kann u. a. störende Dotierungseinflüsse (Audodoping) vermindern /12, 23 - 25/.

Einer Chargenvergrößerung sind bei der herkömmlichen Scheibenanordnung in Epitaxiereaktoren Grenzen gesetzt (ca. 30 Scheiben von 7,6 cm Durchmesser im Pyramidenreaktor). Um die Vorteile der kompakteren Scheibenanordnung nach Abb. 2e ohne Druckerniedrigung um drei Größenordnungen, die bei der Epitaxie aus später zu diskutierenden Gründen unzweckmäßig ist, übernehmen zu können, konzipierte Ban /14/ den "Rotary Disc"-Reaktor (Abb. 2g). Zur Erzielung einheitlicher Schichtdicken ist hier außer der Rotation der Scheiben und ihrer Graphitträger um die gemeinsame Achse eine Schwenkbewegung der Gaseinleitungsdüsen vorgesehen. Im Unterschied zu den herkömmlichen Epitaxiereaktoren befinden sich alle Scheiben bezüglich des Gasstroms in äquivalenten Positionen, was sich günstig auf die Dotierungs- und Schichtdickenhomogenität innerhalb der Chargen auswirkt. Außerdem ergeben sich Einsparungen an Reaktions- und Trägergasen sowie an Energie. Ein erheblicher Nachteil liegt jedoch in der mechanischen Kompliziertheit der Anordnung, so daß ein ähnlich rascher Durchbruch wie beim Einsatz des Unterdruck-Reaktors (Abb. 2e) nicht zu erwarten ist.

Bei unseren späteren, quantitativen Betrachtungen wird neben der Reaktorgeometrie, dem Druck und der Substrattemperatur auch die Temperaturverteilung im Reaktor eine wichtige Rolle spielen. Sie ist durch die in Abb. 2 nicht mit gezeigten Heizsysteme bedingt, wobei zwei grundlegende Fälle zu unterscheiden sind:

I) Heißwandreaktoren mit praktisch gleicher Wand- und Substrattemperatur. Diese wird beim Unterdruckreaktor nach Abb. 2e durch äußere Widerstandsheizung erzielt, während im Pyramidenreaktor (Abb. 2a) ein zusätzlich eingesetztes Graphitrohr als Wand fungieren und induktiv beheizt werden kann.

II) Kaltwandreaktoren, deren Wand eine weit niedrigere Temperatur als das Substrat hat und zusätzlich im Luft- oder auch Wasserstrom (wie z. B. in Abb. 1) gekühlt werden kann, um Wandablagerung sowie Verunreinigung durch das Wandmaterial zu vermeiden. Dabei kann die Gastemperatur auf der Wandseite, die zumindest oberhalb der Kondensationstemperatur dampfförmiger Reaktanten bleiben muß, durchaus einige 100 °C betragen.

Am einfachsten ist eine innere Widerstandsheizung der Substratträger, die aber nur für niedrige Temperaturen (z. B. im Reaktor nach Abb. 2f) in Betracht kommt. Meist erfolgt die Heizung durch induktive HF-Energiezufuhr (s. Abb. 1). Jedoch treten bei dieser Substratträgerheizung erhebliche Temperaturgradienten im Substrat auf, die mit steigender Temperatur sowie mit abnehmendem Druck zunehmen und Kristalldefekte induzieren. Abhilfe kann durch Strahlungsbeheizung der Substrate geschaffen werden, die daher wachsende Bedeutung bekommt /12/.

0.2 ZUR STOFFGLIEDERUNG

Im ersten unserer insgesamt vier Kapitel werden reaktions- und diffusionskinetische Grundlagen der CVD behandelt, wobei der Stofftransport in der Gasphase nur senkrecht zur Substratoberfläche erfaßt wird. Der konvektive Gastransport wird erst im 2. Kapitel in die Betrachtungen einbezogen. Dort werden Modellrechnungen zum Stoffübergang und verfahrenstechnische Aspekte der Reaktantenverarmung behandelt, die in den bisherigen Übersichtsdarstellungen zur chemischen Dampfablagerung zu wenig berücksichtigt wurden.

Im 1. und weitgehend auch im 2. Kapitel erfolgt eine Beschränkung auf den relativ einfachen Fall "einseitiger" Ablagerungsreaktionen mit extremer Gleichgewichtslage, der beispielsweise beim Silanprozeß für die Si-Ablagerung vorliegt.
Zweiseitige Ablagerungsreaktionen, z. B. die klassische Tetrachlorsilan-Wasserstoff-Reaktion und andere Halogenidprozesse, werden mit ihren gleichgewichtsthermodynamischen Aspekten in Kapitel 3 behandelt. Schließlich folgt in Kapitel 4 die Diskussion von Dotierungsproblemen bei der CVD, wobei Gleichgewichtsbetrachtungen ebenfalls eine wichtige Rolle spielen.

Die Zurückstellung solcher thermodynamischer Betrachtungen während der ersten beiden Kapitel soll nicht die Bedeutung unterbewerten, die sie für die theoretische Fundierung der chemischen Dampfablagerung von Anfang an gehabt haben; sie kommt aber thermodynamisch weniger geschulten Lesern entgegen und ist angesichts der zunehmenden technologischen Bedeutung einseitiger Ablagerungsreaktionen gerechtfertigt. Im übrigen sind einzelne Abschnitte, die beim ersten Lesen ohne wesentliche Nachteile für das Verständnis des Nachfolgenden übersprungen werden können, bereits im Inhaltsverzeichnis besonders gekennzeichnet.

1. DIFFUSIONS- UND REAKTIONSKINETIK BEI EINSEITIGEM REAKTIONSABLAUF

1.1 VORBETRACHTUNGEN ÜBER EINSEITIGE ABLAGERUNGSPROZESSE

Einige wichtige Ablagerungsreaktionen zeigen einen praktisch einseitigen, also im Falle der Gleichgewichtseinstellung nahezu vollständigen Reaktionsablauf, was sie für die Diskussion des Zusammenspiels von Gastransport- und Reaktionskinetik besonders geeignet macht. Hierher gehören hauptsächlich Reaktionen mit Hydriden und elementorganischen Verbindungen als Ausgangsmaterialien zur Ablagerung von

- epitaktischen und polykristallinen Si-Schichten,
- weitgehend amorphen (glasartigen)Isolatorschichten sowie
- Epitaxieschichten von AB-Verbindungen, insbesondere $A^{III}B^{V}$-Verbindungen und deren Mischkristallen.

Sie werden zunächst in dieser Reihenfolge mit ihren Anwendungsaspekten vorgestellt, bevor wir allgemeinere Gesichtspunkte für den Reaktionsablauf diskutieren.

1.1.1 Si-Ablagerung

Sie erfolgt als einseitiger Prozeß durch die bereits erwähnte thermische Zersetzung (Pyrolyse) des Silans /1,26-29/

$$SiH_4\,(g) \longrightarrow Si(s) + 2\,H_2(g)\ . \qquad (1\text{-}1)$$

Nachdem man Herstellung und Handhabung des pyrophoren SiH_4 (als verdünntes Flaschengas) beherrschen gelernt hatte, gewann dieser Prozeß vor allem für die Heteroepitaxie auf α-Al_2O_3 im Rahmen der am Ende der 60er Jahre entstandenen SOS- (Silicon-On-Sapphire-) Technik Bedeutung. Der ältere $SiCl_4$-H_2-Prozeß (Abschn. 3.4) ist dafür wegen der Erosion des Al_2O_3 nicht geeignet. Er erfordert im übrigen eine um ca. 200° höhere Temperatur für die epitaktische Ablagerung als der Silanprozeß, der bei 1000°C durchgeführt werden kann. Dieser bietet daher auch für die Homoepitaxie Vorteile, denen aber eine verminderte Schichtperfektion gegenübersteht /1, 12, 30/. Sie ist durch eine größere Störanfälligkeit besonders für Sauerstoffverunreinigungen, für die Einlagerung von Partikeln aus der Gasphase und für Oberflächendefekte der Substrate bedingt, wobei auch gewisse prinzipielle Nachteile einseitiger gegenüber zweiseitigen Ablagerungsreaktionen eine Rolle spielen können (s. Abschnitt 3.1). An der Verminderung der äußeren Störeinflüsse wird intensiv gearbeitet, so daß mit dem verstärkten Einsatz von Silan auch für die Homoepitaxie zu rechnen ist /12/.

Ein weiteres wichtiges Anwendungsgebiet der Silanpyrolyse ist die Ablagerung von polykristallinem Silizium /31/, die als Scheibenprozeß bei niedrigeren Temperaturen durchgeführt wird. Die Ablagerungsrate und die Korngröße nehmen mit fallender Temperatur stark ab, bis schließlich bei Werten um 700 °C der Übergang zu amorphen Ablagerungen erfolgt. Durch Plasma-Aktivierung kann die Ablagerungsrate der amorphen Schichten erhöht werden, die dabei mit fallender Temperatur zunehmende Wasserstoffanteile aufnehmen und interessante Anwendungen versprechen /32/.

1.1.2 Ablagerung amorpher Isolatorschichten

Für die chemische Dampfablagerung von amorphen Siliziumnitrid- und Siliziumdioxidschichten zur Isolierung, Passivierung und Maskierung /13, 17, 22, 33, 42/ ist SiH_4 ebenfalls zu einem wichtigen Ausgangsmaterial geworden [1)], wobei wieder praktisch einseitige Reaktionsabläufe vorliegen.

Die Si_3N_4-Ablagerung /34/ erfolgt nach

$$3\ SiH_4(g) + 4\ NH_3(g) \longrightarrow Si_3N_4(s) + 12\ H_2(g) \qquad (1\text{-}2)$$

als thermisch aktivierter Prozeß bei 800...900 °C. Bei Plasma-Aktivierung kann die Temperatur auf 300 °C abgesenkt werden, was für Passivierungszwecke große Bedeutung hat.

---

1) Für die Unterdruck-CVD wird auch SiH_2Cl_2 eingesetzt (s. Abschnitt 2.3.2)

Das dabei entstehende "Siliziumnitrid" enthält größere Mengen Wasserstoff /35/ und zeigt geringe thermische Stabilität [1]. Die thermisch aktivierte Oxydation des Silans durch Sauerstoff ist bei 400°C mit technisch ausreichenden Ablagerungsraten durchführbar. Sie kann hauptsächlich durch

$$SiH_4(g) + O_2(g) \longrightarrow SiO_2(s) + 2\ H_2(g) \qquad (1\text{-}3)$$

wiedergegeben werden, während bei höheren Temperaturen größere H_2O-Anteile entstehen /39/. Oft werden bei der Hochtemperatur-CVD (800...900°C) als weniger reaktionsfreudige Oxydantien CO_2 oder N_2O anstelle von O_2 verwendet /21, 40/. So hergestelltes SiO_2 kommt in seiner Qualität dem durch thermische Silizium-Oxydation gebildeten Oxid nahe /40/. Im übrigen ist die Silanoxydation die Hauptmethode zur SiO_2-Schichtherstellung auf anderen Unterlagen als Silizium (Metalle, Si_3N_4, Ge, $A^{III}B^{V}$-Verbindungen /41/).

Durch gemeinsame Oxydation von Silan mit Phosphin (PH_3), seltener mit Diboran (B_2H_6), werden Phosphor- bzw. Borosilikatgläser für Passivierungszwecke ähnlich wie SiO_2 bei niedrigen Temperaturen abgelagert /13, 17, 22, 35, 39/. Hochdotiertes SiO_2 wird weiterhin als chemisch abgeschiedene Vorbelegungsschicht für die Diffusionsdotierung eingesetzt.

In die Kategorie der einseitigen Ablagerungsreaktionen gehört auch der ältere TEOS-Prozeß zur SiO_2-Erzeugung aus Tetraethoxysilan /42/, etwa nach

$$Si(OC_2H_5)_4(g) \longrightarrow SiO_2(s) + 4\ C_2H_4(g) + 2\ H_2O(g). \qquad (1\text{-}4)$$

Ähnlich erfolgt für Sonderanwendungen (z. B. in strahlungsresistenten Bauelementen) die Ablagerung von Al_2O_3 nach dem AIP-Verfahren aus Aluminiumtriisopropylat $Al(OC_3H_7)_3$ /42, 43, 44/.

---

[1] Ein gewisser Wasserstoffeinbau erfolgt auch bei höheren Temperaturen, wie sie z. B. zur Ablagerung für MNOS-Speicherbauelementen (Schichtenfolge Metall/Si_3N_4/SiO_2/Si) angewandt werden /36, 37, 38/.

1.1.3 Epitaxie bei AB-Verbindungen und deren Mischkristallen

Zahlreiche $A^{III}B^{V}$- und $A^{II}B^{VI}$-Verbindungen können durch einseitige Reaktionen zwischen Hydriden und metallorganischen Verbindungen ("MOCVD") epitaktisch abgelagert werden /1, 6, 25, 45 - 51/. Beispielsweise entstehen GaAs, GaN oder AlN nach

$$A^{III}(CH_3)_3(g) + B^{V}H_3(g) \longrightarrow A^{III}B^{V}(s) + 3\,CH_4(g) \qquad (1\text{-}5)$$

mit Trimethylgallium (TMG) oder Trimethylaluminium (TMA) als $A^{III}(CH_3)_3$ sowie AsH_3 oder NH_3 als $B^{V}H_3$.

Solche Prozesse wurden zunächst im Hinblick auf heteroepitaktische Kombinationen mit oxidischen Isolatorsubstraten (Saphir, Spinell), die durch die sonst dominierenden chloridhaltigen Ablagerungssysteme (Abschnitt 3.5) angegriffen werden, untersucht /45, 46, 52/. Erste Anwendungen ergaben sich für die Ablagerung von AlN als piozoelektrische Isolatorschicht auf Saphir für akustoelektrische Zwecke, wobei die Integration mit Si im Rahmen der SOS-Technik angestrebt wird /53, 54/.

Für die Optoelektronik ist die analoge Herstellung von Aluminiumhaltigen Mischkristallen, vor allem von Gallium-Aluminium-Arsenid $Ga_{1-x}Al_xAs$, sowie von GaAs für heteroepitaktische LASER-Strukturen aussichtsreich /51, 55/. Wegen der besonderen Aggressivität des Aluminiums in halogenhaltigen CVD-Systemen kommen diese hier ebenfalls nicht in Betracht, so daß auf die Liquidphasen-Epitaxie ausgewichen wurde, die aber technologisch kompliziert ist.

Hinsichtlich der Reinheit der metallorganischen Ausgangsmaterialien, die anfangs im Vergleich zu denen der Chloridprozesse zu wünschen übrig ließ /47/, sind erhebliche Fortschritte erzielt worden. Besonders wichtig für die Elektrolumineszenz ist die weitere Erniedrigung des Schwermetallgehaltes in den entstehenden Schichten, die durch die Abwesenheit von Halogenen in den CVD-Systemen aus Hydriden und Alkylen möglich ist. Daher wird auch ihre Verwendung bei der epitaktischen Ablagerung von Gallium-Arsenid-Phosphid $GaAs_{1-x}P_x$ für die Produktion lichtemmittierender Dioden diskutiert. Ein weiteres, sehr zukunftsträchtiges Anwen-

dungsgebiet liegt in der Herstellung von GaAs- oder InP-Feldeffekttransistoren für die Mikroelektronik /51/.
Die Ablagerungstemperaturen liegen z. B. für GaAs um 700°C, während bei chloridhaltigen Ablagerungssystemen 750 - 800°C angewandt werden.

1.1.4 Modellreaktionen

Bei aller Mannigfaltigkeit der einseitigen Ablagerungsreaktionen und ihrer - noch weitgehend ungeklärten - Mechanismen lassen sich wesentliche, gemeinsame Züge der CVD-Prozesse bereits an zwei Modellreaktionen diskutieren. Die erste soll durch

$$AX(g) \longrightarrow A(s) + X(g) \qquad (1\text{-}6)$$

symbolisiert werden und für Zerfallsreaktionen, wie die Pyrolyse des Silans (1-1) oder des Tetraethoxysilans (1-4), als Modell dienen. Die übrigen einseitigen Reaktionen zur Bildung binärer Verbindungen (Si_3N_4, SiO_2, $A^{III}B^{V}$, $A^{II}B^{VI}$ usw.) können durch

$$AX(g) + BY(g) \longrightarrow AB(s) + X(g) + Y(g) \qquad (1\text{-}7)$$

repräsentiert werden.

Für die Behandlung der Gastransportphänomene besteht die wesentliche Vereinfachung beim Übergang auf die Modellreaktionen (1-6) und (1-7) in der Eliminierung von Volumenänderungen in der Gasphase, die in CVD-Systemen als ideal angenommen werden darf. Solche Volumenänderungen treten durch Änderungen in der Zahl der Gasmoleküle bei der Reaktion (z. B. Verdoppelung beim Silanprozeß (1-1) im Unterschied zur Modellreaktion (1-6)) im isobaren CVD-Prozeß auf. Streng genommen entsteht dadurch ein konvektiver Beitrag zum Gastransport, der sich bei der Oberflächenreaktion dem diffusiven An- und Abtransport der Reaktionspartner überlagert. Er ist im Ansatz leicht zu berücksichtigen und z. B. in /4, 56/ als "Stefan-Strom" ausführlich behandelt. Hier soll darauf verzichtet werden, da in der Praxis meist mit großem Überschuß eines Reaktionspartners (z. B. H_2 beim Silanprozeß) oder eines Inertgases gearbeitet wird, so daß der Effekt zu vernachlässigen ist. Dadurch bleibt der Zusammenhang zwischen Gastransport und Konzentrationsgradient linear (Abschnitt 1.2), so daß sich die Berechnungen zur Ortsabhängigkeit der Ablagerungsrate erheblich vereinfachen (Kap. 2).

Das Zusammenspiel der Transport- und der Reaktionsvorgänge vollzieht sich bei rein heterogenem Reaktionsablauf, wie er den meisten quantitativen Ansätzen zugrundeliegt, nach dem Schema:

- Antransport der Ausgangsstoffe (AX, BY) an die Substratoberfläche;
- Oberflächenreaktion im weitesten Sinne mit den Oberflächenprozessen:
  Adsorption der Ausgangsstoffe,
  Oberflächenreaktion im engeren Sinne,
  Oberflächendiffusion,
  Atomanbau an den Festkörper und
  Desorption sowie
- Abtransport der gasförmigen Endprodukte (X, Y).

Dieser Ablauf wird in den Abschnitten 1.2 bis 1.4 behandelt. Wesentlich ist dabei, daß die Reaktionspartner in der Gasphase selbst chemisch unverändert bleiben und nur in der Oberflächenadsorptionsschicht - gegebenenfalls über Zwischenprodukte - umgesetzt werden. Erheblich schwieriger wird die Behandlung beim Auftreten von Zwischenstufen in der Gasphase, worüber bereits an dieser Stelle einige Bemerkungen folgen sollen.

1.1.5 Komplikationsmöglichkeiten durch Homogenreaktionen

Beim Auftreten homogener Gasphasenreaktionen können die gebildeten Zwischenprodukte

a) zur Substratoberfläche wandern und dort ihrerseits als Ausgangsmaterialien für die Bildung der kompakten Schicht dienen, oder
b) in der Gasphase selbst unter Homogenkeimbildung zum Festkörper weiterreagieren, der dann in der Form kleiner Partikeln entsteht.

Im einfachsten Fall stellen die Atome (A) des zu bildenden Festkörpers das Zwischenprodukt dar. Dann gilt das folgende Schema /57/, in dem zusätzlich der rein heterogene, im vorigen Abschnitt diskutierte Reaktionsablauf (c) eingetragen ist:

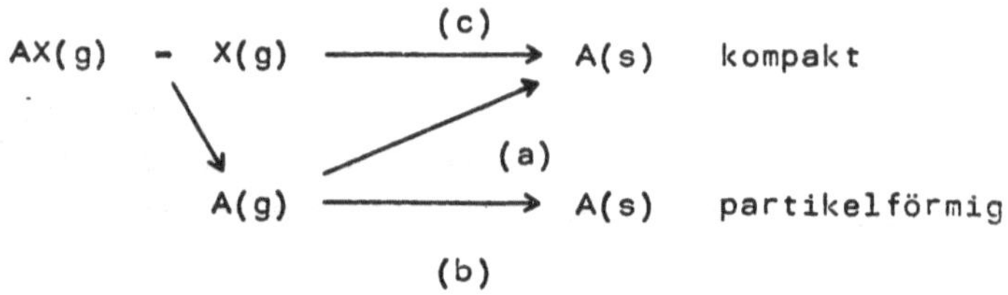

(1-8)

Die nach (b) gebildeten, visuell in der Gasphase wahrnehmbaren Partikeln werden zum großen Teil mit der Strömung weggeführt und am Reaktorausgang pulverförmig abgelagert, so daß die Schichtausbeute vermindert wird. Ein anderer, schwerer wiegender Nachteil ist die Einlagerung von Partikeln in die hauptsächlich nach (a) oder (c) wachsende Schicht, deren Qualität dadurch stark beeinträchtigt wird. Die Einhaltung der Bedingungen, unter denen eine Partikelbildung (b) vermieden wird, läßt auch die Schichtbildung durch Kondensation (a) zurücktreten (s. a. Abschn. 1.5).
Die Wahrscheinlichkeit der Homogenkeimbildung steigt mit der Konzentration der Ausgangsstoffe und mit der Temperatur. In Abb. 3

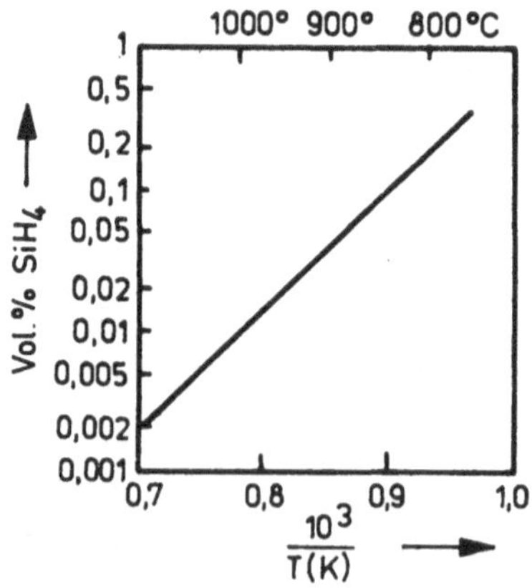

Abb. 3: Arrheniusdarstellung der Temperaturabhängigkeit für die Silankonzentration in Wasserstoff, bei der Si-Partikelbildung unter Atmosphärendruck einsetzt (nach Messungen von Eversteyn /59,80/).

ist für die Silanpyrolyse als Beispiel die visuell beobachtete Grenze des Einsetzens der Partikelbildung eingetragen, unterhalb derer die Gasphase bezüglich der Homogenkeimbildung metastabil ist. Diese Grenze darf im CVD-Raktor nicht überschritten werden. Sie liegt allgemein bei einseitigen Ablagerungsprozessen niedriger als bei zweiseitigen, für die daher die Gefahr der Partikelbildung wesentlich geringer ist [1]. Im übrigen ist die Gefahr der Einlagerung von Partikeln im Kaltwandreaktor gegenüber dem Heißwandreaktor vermindert, sowohl wegen der Beschränkung hoher Temperaturen auf Substratnähe, als auch wegen einer vom Substrat weggerichteten Thermodiffusion der relativ schweren Partikeln im steilen Temperaturgradienten [2] /59/.
Bei der Umsetzung zweier verschiedener Ausgangsstoffe kann die Partikelbildung dadurch vermindert werden, daß die Durchmischung erst dicht vor dem Substrat erfolgt. Dazu dienen besondere Gaseinleitungssysteme, beispielsweise für Reaktoren zur Silanoxydation /13/ oder zur Umsetzung zwischen metallorganischen Verbindungn und Hydriden /61/. Für diese Umsetzung hat sich weiterhin eine Druckverminderung um 1 - 2 Größenordnungen bewährt, die z. B. die Ablagerung von GaAs in den auch für die Si-Epitaxie verwendeten Chargenreaktoren ermöglichen dürfte /25/.

Homogenreaktionen, die nicht zur Partikelbildung führen, sind weniger leicht nachzuweisen. Zur "in situ-Untersuchung" können als allgemeine Methoden zur Vermessung des Konzentrationsfeldes beim CVD-Prozeß die Massenspektrometrie /62-65/, die Gaschromatographie /66/ sowie die Ramanspektroskopie /67,68/ verwendet werden.

---

1) Beispielsweise kann bei der epitaktischen Si-Ablagerung aus SiH_4 die Grenze des Einsetzens der Homogenkeimbildung durch HCl-Zusätze, d. h. durch Beteiligung zweiseitiger Reaktionen, zu weit höheren SiH_4-Partialdrücken und Ablagerungsraten verschoben werden /58/.

2) Die entgegengesetzte Richtung des Temperaturgradienten und der Thermdiffusion liegt bei einem modifizierten CVD-Prozeß vor, der zur SiO_2-Ablagerung aus $SiCl_4$ und O_2 bei sehr hohen Temperaturen (oberhalb 1200°C) für die Herstellung von Lichtleitfasern angewendet wird. Dabei überwiegt die Homogenkeimbildung, und die Thermodiffusion der SiO_2-Partikeln zum Glassubstrat stellt wahrscheinlich den dominierenden Stoffübergangsmechanismus dar /60/.

Die letztere Methode ist dadurch besonders vorteilhaft, daß sie keine Probenahme durch Sonden, die schwer feststellbare Fehler bringen kann, erfordert und gleichzeitig das Temperaturfeld liefert /69/.

Die bisher vorliegenden Resultate erstrecken sich hauptäächlich auf zweiseitige Ablagerungsprozesse (s. Abschn. 3.4 u. 3.5) und sind als erste Anfänge zu betrachten. Als einseitiger Prozeß wurde die Siliziumnitridbildung aus Silan und Ammoniak nach Gl. (1-2) bei hohen Temperaturen und Atmosphärendruck im Kaltwandreaktor untersucht /66,68/. Bei relativ niedrigen Silankonzentrationen, die unterhalb der in Abb. 3 gegebenen Grenzen lagen, ergaben sich keine eindeutigen Hinweise auf Homogenreaktionen /68/. Bei den weit höheren, in /66/ angewandten Konzentrationen zeigte sich, wie zu erwarten, ein starker Silanzerfall in der Gasphase vor dem Substrat.

Der im Oberschuß angewendete Ammoniak wird nicht nur bei der Nitridbildung, sondern auch bei der teilweisen Einstellung des Dissoziationsgleichgewichts

$$2\,NH_3(g) \rightleftharpoons N_2(g) + 3\,H_2(g) \qquad (1\text{-}9)$$

verbraucht, das bei den angewendeten Temperaturen ganz auf der rechten Seite liegt. Ein solcher Zerfall tritt bei anderen NH_3-haltigen CVD-Systemen ebenfalls auf /62,70,71/, wobei oberflächenkatalytische Einflüsse auf die Beteiligung heterogener Prozesse hinweisen. Bei der Umsetzung elementorganischer Verbindungen mit Hydriden zur Herstellung von $A^{III}B^{V}$-Verbindungen nach Gl. (1-5) können intermediär Komplexverbindungen gebildet werden /50,72/, wie z. B. $Al(CH_3)_3 \cdot NH_3$ aus Trimethylaluminium (TMA) und Ammoniak mit anschließender Abspaltung von CH_4 in drei Stufen [1]. Elementorganische Moleküle lagern sich auch untereinander zusammen, z. B. TMA zu $(TMA)_2$ oder das zur Al_2O_3-Ablagerung verwendete Aluminiumtriisopropylat AIP zu $(AIP)_3$ /43/.

Bei der Silanoxydation zu SiO_2 nach Gl. (1-3) treten in der Gasphase verzweigte Kettenreaktionen auf /73,74/. Zur Deutung der komplizierten Befunde werden in /73/ zwei Zwischenprodukte angenommen, von denen das eine für die Schicht- und das andere für die Partikelbildung verantwortlich ist.

Die kompliziertesten Verhältnisse liegen wohl bei der plasmachemischen Dampfablagerung vor. In den dazu verwendeten, nichtthermischen Plasmen haben die für die aktivierenden Elementarprozesse verantwortlichen Elektronen eine um 1 bis 2 Größenordnungen höhere Temperatur als die Ionen und Neutralteilchen /17,18/. Die eigentlichen chemischen Reaktionen verlaufen bei den niedrigen Drücken (10^1-10^2 Pa) und dementsprechend großen freien Weglängen überwiegend heterogen an den Grenzflächen, die als Stoßpartner fungieren. Mit dieser Funktion ist jedoch eine Gefährdung der gebildeten Schichten verbunden /20/.

Den in diesem Abschnitt behandelten CVD-Systemen ist gemeinsam, daß die in den Reaktor eingebrachten Ausgangsstoffe bereits vor der Substratoberfläche modifiziert (d. h. umgewandelt oder auch nur angeregt) auftreten. Das bedingt ein wesentlich komplizierteres Zusammenspiel von Reaktions- und Transportvorgängen als in CVD-Systemen mit rein heterogenem Reaktionsablauf, wo diese Vorgänge in einfacher Weise hintereinandergeschaltet sind. Solche Systeme werden im folgenden quantitativ behandelt, wobei die Diffusions- und die Oberflächenprozesse zunächst einzeln in Abschnitt 1.2 bzw. 1.3 und dann in ihrem Zusammenwirken im Abschnitt 1.4 betrachtet werden sollen. Einige weiterführende Aussagen zur Konkurrenz mit Homogenreaktionen folgen im Abschnitt 1.5.

1.2 DIFFUSIONSKINETIK

Die wesentlichsten Aussagen über den diffusiven Gastransport, der hier nur senkrecht zur Substratoberfläche (in y-Richtung, Abb. 4)

---

1) In solchen Fällen kann der Anschluß an das Reaktionsschema (1-8) vereinfachend dadurch hergestellt werden, daß ein Zwischenprodukt (z. B. $AlCH_3 \cdot NH$) als dessen Ausgangsstoff AX angesehen wird. - Derartige, gemischt homogen-heterogene Reaktionsabläufe treten häufig auf, wobei die Schichtbildung unter Bedingungen, bei denen eine Partikelbildung (b) vermieden wird, bevorzugt durch einen heterogenen Endschritt (c) erfolgt (s. a. Abschn. 1.5).

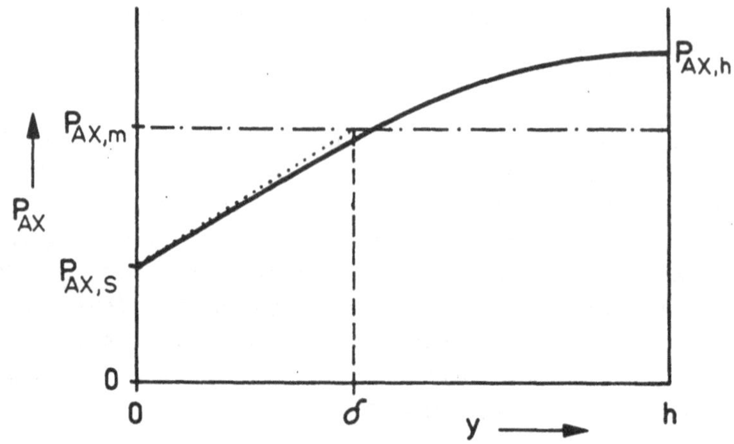

Abb. 4: Ortsabhängigkeit des Partialdruckes P_{AX} eines Ausgangsstoffes AX für die Ablagerung auf der Oberfläche bei $y = 0$

betrachtet wird, können bereits am Beispiel einer idealen Mischung aus den Partnern AX und X der Modellreaktion (1-6) getroffen werden. Bei der Ablagerung entsteht ein Konzentrationsgradient, der nach dem 1. Fickschen Gesetz (s. z. B. /75,76/) eine AX-Teilchenstromdichte

$$j_{AX} = - D\, c \frac{\partial \frac{c_{AX}}{c}}{\partial y} \qquad (1\text{-}10)$$

bewirkt. Der binäre Diffusionskoeffizient D kann als unabhängig von der Zusammensetzung der Mischung mit den Teilchendichten c_{AX} und c_X betrachtet werden. Die totale Teilchendichte $c = c_{AX} + c_X$ hebt sich aus Gl. (1-10) nur für isothermen Fall heraus, was in der CVD-Literatur nicht immer beachtet worden ist.

Nach dem idealen Gasgesetz ist der Totaldruck $P = c\, k_B\, T$ und der als Konzentrationsmaß im folgenden bevorzugte Partialdruck $P_{AX} = c_{AX}\, k_B T$ (k_B - Boltzmannkonstante, T - abs. Temperatur). Damit geht Gl. (1-10) für unseren isobaren Fall in

$$\boxed{j_{AX} = - \frac{D}{k_B T} \frac{\partial P_{AX}}{\partial y}} \qquad (1\text{-}11)$$

über. Zu dieser Fickschen Diffusionsstromdichte tritt unter anisothermen Bedingungen noch ein Thermodiffusionsbeitrag hinzu, der aber nur bei der Verwendung von Wasserstoff als Trägergas merklich ist /4/. Er wird im Abschnitt 2.5 behandelt und bleibt bis dahin außer Betracht.

Die Druck- und Temperaturabhängigkeit des Diffusionskoeffizienten kann durch

$$D = D_o\ (T/T_o)^m\ P_o/P = D_{oo} T^m/P \tag{1-12}$$

wiedergegeben werden, wobei m zwischen 1,5 und 2 liegt /4/. Die üblicherweise für Raumtemperatur und Atmosphärendruck tabellierten Werte von D_{oo} haben die Größenordnungen 0,1 und 1 cm^2/sec.

Für die Ablagerungsrate ist der Konzentrationsgradient $(\partial P_{AX}/\partial y)_s$ an der Substratoberfläche bei y = 0 (Abb. 4) maßgebend. Im Inneren der Gasphase, wo außer diffusiven auch konvektive Transportbeiträge auftreten (Kap. 2), besitzt $\partial P_{AX}/\partial y$ geringere Beträge. Ohne die Strömungsverhältnisse jetzt im einzelnen zu betrachten, definieren wir eine effektive Diffusionslänge δ durch

$$\left(\frac{\partial P_{AX}}{\partial y}\right)_s = \frac{P_{AX,m} - P_{AX,s}}{\delta} \ . \tag{1-13}$$

Sie resultiert nach Abb. 4 aus der linearen Extrapolation des Partialdruckverlaufs von der Oberfläche bis zum Mittelwert $P_{AX,m}$. Dieser stellt das y-Mittel von P_{AX} bis zur gegenüberliegenden Reaktorwand [1] dar. Der effektiven Diffusionslänge wird hier der Vorzug vor den in der CVD-Literatur viel benutzten "Grenzschichtdicken" (Abschn. 2.4.3 und 2.5.2) gegeben, die sich weniger willkürfrei definieren und anwenden lassen. Sie nimmt mit dem Abstand zwischen Substrat und gegenüberliegender Wand (h) zu und mit wachsender Strömungsgeschwindigkeit ab.

Die AX-Stromdichte zur Substratoberfläche ist gegeben durch

---

[1] Diese hat man sich, falls keine Wandablagerung erfolgt, in Abb. 4 bei y = h vorzustellen, während sie im Falle gleich starker Wand- und Substratablagerung bei y = 2h liegen würde mit einem spiegelsymmetrischen Verlauf von P_{AX} um y = h.

$$- (j_{AX})_s = k_t \, (P_{AX,m} - P_{AX,s}) \quad (1\text{-}14)$$

mit dem Stoffübergangs- (oder -transfer-) Koeffizienten k_t als der zentralen Größe zur Beschreibung von Stoffübergangsprozessen. Aus den Gl. (1-11) bis (1-14) folgt

$$k_t = \frac{D}{\delta k_B T} = \frac{D_{oo} \, T}{\delta k_B P}, \quad (1\text{-}15)$$

wobei für den T-Exponenten aus (1-12), wie zur Vereinfachung vielfach üblich, m = 2 gesetzt wurde. Damit gilt $k_t \propto T/P$ für den besonders einfachen und wichtigen Grenzfall einer effektiven Diffusionslänge δ, die nur durch die Reaktorgeometrie bestimmt wird (Abschn. 2.4).

Häufig werden Stoffübergangsprozesse auch mit der nach Sherwood benannten, dimensionslosen Stoffübergangs-Kennzahl

$$Sh = \frac{L_{ch} \, k_B \, T \, k_t}{D} = \frac{L_{ch}}{\delta} \quad (1\text{-}15a)$$

behandelt. Sie wird mit einer charakteristischen Länge L_{ch} gebildet, für die beispielsweise der Abstand h aus Abb. 4 eingesetzt werden kann (Abschn. 2.4.1).

Die obigen Ergebnisse sind leicht auf CVD-Systeme mit mehr als zwei (n) Stoffen übertragbar, da praktisch stets einer der Reaktionspartner oder ein Inertgas in großem Überschuß verwendet wird. Dadurch kann die Situation als voneinander unabhängige, pseudobinäre Diffusion der übrigen (n-1) in dieser überschüssigen Spezies behandelt werden /4/, wobei nach Abschnitt 1.1.4 auch der Stefan-Strom vernachlässigbar ist. Hierzu sind die binären Diffusionskoeffizienten und Stoffübergangskoeffizienten für die Teilsysteme direkt verwendbar. Sie ändern sich gegensinnig zum Molekulargewicht M der in der Minderheit befindlichen Spezies und sind in grober Näherung proportional zu $M^{-1/2}$.
Eine Reihe von Verfeinerungsmöglichkeiten sind in /56,77/ aufgeführt. Beispielsweise kann für eine Spezies α der konzentrationsabhängige Diffusionskoeffizient

$$D'_\alpha = \frac{P - P_\alpha}{\frac{P_\beta}{D_{\alpha\beta}} + \frac{P_\gamma}{D_{\alpha\gamma}} + \ldots} \qquad (1\text{-}16)$$

eingesetzt werden, wobei $D_{\alpha\beta}$ usw. binäre Diffusionskoeffizienten sind. Deren Berechnung ist in /78/ und, speziell im Hinblick auf Si-CVD-Systeme, in /79/ behandelt.

1.3 KINETIK DER OBERFLÄCHENPROZESSE

1.3.1 Allgemeine Ansätze

Das Ziel unserer Berechnungen ist die zeitliche Änderung der abgelagerten Schichtdicke L, d. h. die Ablagerungsrate $\dot{L} = dL/dt$. Bei einer Ablagerungsfläche F ist das Schichtvolumen $L \cdot F = N_A/[A]$ mit der Anzahl N_A und der Volumenkonzentration $[A]$ der abgelagerten A- bzw. AB-Formeleinheiten, also beispielsweise der Si-Atome, wobei $[Si] = 5{,}0 \cdot 10^{22} cm^{-3}$ beträgt. Damit wird die Ablagerungsstromdichte (oder Ablagerungsrate im weiteren Sinne), der wir für die meisten Formulierungen den Vorzug geben werden:

$$j_d = \frac{N_A}{F} = [A]\,\dot{L} = 1{,}67 \quad 10^{-6}\ \frac{[A]}{s/cm} \cdot \frac{\dot{L}}{um/min}\ . \qquad (1\text{-}17)$$

Üblicherweise wird j_d in $(cm^{-2}s^{-1})$ und $\dot{L}$ in um/min angegeben. Meist liegen die Ablagerungsraten in der Größenordnung von 0,1 bis 1 um/min und die Ablagerungszeiten bei 10 bis 100 min.

Bestimmend für die Ablagerungsrate sind

- die Art der gasförmigen Spezies,
- deren Partialdrücke an der Oberfläche (die ihrerseits durch die Verhältnisse beim Gastransport mit bestimmt werden, s. Abschn. 1.4),
- die Oberflächentemperatur sowie
- bei epitaktischem Wachstum auch die kristallographische Orientierung der Substratoberfläche.

Im einfachsten Fall, der bei der SiH_4-Pyrolyse zur Si-Ablagerung mit Wasserstoff als Trägergas nach Gl. (1-1) realisiert ist /31, 81/, hängt die Wachstumsrate linear vom Oberflächenpartialdruck des Reaktanten ab:

$$\boxed{j_d = k_H \, p_{SiH_4,s}} \quad . \tag{1-18}$$

Dies ist der Ausdruck für die Geschwindigkeit einer einseitigen ("Hin-")Reaktion 1. Ordnung mit der spezifischen Reaktionsrate k_H, die eine Geschwindigkeitskonstante im weiteren Sinne darstellt (s. Abschn. 1.3.2). Ihre Abhängigkeit von der Oberflächentemperatur T_s läßt sich durch die Arrhenius-Gleichung

$$\boxed{k_H = k_{oH} \exp\left(-\frac{a_H}{k_B T_s}\right)} \tag{1-19}$$

wiedergeben, wobei der Präexponentialfaktor k_{oH} und die Aktivierungsenthalpie a_H praktisch temperaturunabhängig sind. Die Zunahme von k_H mit T_s beträgt beim Silanprozeß rund 2% pro Grad /80/.

Im allgemeinen sind die Zusammenhänge zwischen der Ablagerungsrate und den Oberflächenpartialdrücken nichtlinear. Dem in der chemischen Kinetik (s. z. B. /83,84/) üblichen Vorgehen folgend, versucht man stets eine Wiedergabe der experimentellen Resultate durch einfache Potenzansätze, beispielsweise für AX-Zerfallsreaktionen des allgemeinen Typs (1-6) durch

$$j_d = k_H \, p^q_{AX,s} \tag{1-20}$$

mit der Reaktionsordnung q. Der entsprechende Ansatz für den Reaktionstyp (1-7) lautet

$$j_d = k_H \, p^q_{AX,s} \, p^r_{BY,s} \tag{1-21}$$

mit der Ordnung q bzw. r für die Reaktionspartner AX bzw. BY.

Oft lassen sich nun die Meßergebnisse nicht, oder nur für eng begrenzte Wertebereiche, mit partialdruckunabhängigen spezifischen Reaktionsraten und Reaktionsordnungen wiedergeben. Das wird im nächsten Abschnitt diskutiert, ohne daß die Ergebnisse im einzelnen für die darauffolgenden Betrachtungen Verwendung finden. Diese liefern in Abschnitt 1.4 die wesentlichen Aussagen über das Zusammenwirken von Reaktions- und Diffusionskinetik am einfachsten und zugleich wichtigsten Fall einer linearen Partialdruckabhängigkeit der Ablagerungsrate. Dabei werden auch nachträglich die experimentellen Bedingungen deutlich, unter denen die Oberflächenpartialdrücke, die durch "in situ-Messungen" nach Abschn. 1.1.5 nur schwer zugänglich sind, ohne weiteres angegeben werden können.

1.3.2 Versuche zur verfeinerten Behandlung der Oberflächenprozesse (x)

Eine direkte Untersuchung der Teilprozesse der Oberflächenreaktion, also der Ad- und Desorption, der Oberflächendiffusion sowie der Reaktion und der Schichtbildung im engeren Sinne, ist unter CVD-Bedingungen kaum möglich.

Von den hochentwickelten Sondenmethoden der Grenzflächenforschung kommt praktisch nur die Ellipsometrie mit dem polarisierten Lichtstrahl als Sonde für "in situ-Untersuchungen" in Betracht, wobei ein erheblicher Aufwand notwendig ist /85-87/. Um die dabei resultierenden, integralen Informationen über die wachsende Schicht weiter aufzuschlüsseln, kann eine Kombination mit Elektronenbeugungsuntersuchungen [1)] und Auger-Elektronenspektroskopie erfolgen. Diese Anwendungen des Elektronenstrahls als Sonde zur Gewinnung struktureller und chemisch-analytischer Aussagen sind wegen des erforderlichen hohen Vakuums nur unter "quasi in situ-Bedingungen" möglich. Dazu erfolgt eine intermedinäre und anaerobe Oberführung der Probe in eine Ultrahochvakuumapparatur, die mit dem CVD-Reaktor direkt gekoppelt ist /85-86/.

Auf diese Weise gelingt es z. B. bei der homoepitaktischen Ablagerung von $A^{III}B^{V}$-Verbindungen auf deren polaren, nur aus der

---

1) LEED = Low Energy Electron Diffraction und
RHEED = Reflection High Energy Electron Diffraction

Atomart A aufgebauten Flächen, die adsorbierte Atomart B in Mengen bis herab zu 1 % einer Monoschicht nachzuweisen /86/. Bei der Ablagerung von Mischkristallen, wie $Ga_{1-x}Al_xAs$ oder $GaAs_{1-x}P_x$, können ellipsometrisch detaillierte Aussagen über die Variation der Zusammensetzung gewonnen und für die Prozeßsteuerung genutzt werden /87/.

Molekularstrahl-Untersuchungen

Eine Anwendung der Elektronenstrahluntersuchungsmethoden in situ kann beim Einsatz von Molekularstrahlverfahren [1)] zur Schichtherstellung in Ultrahochvakuumapparaturen erfolgen. Bei diesen Verfahren liegen auch hinsichtlich der Stofftransportphänomene (molekulare Strömung, d. h. Knudsen-Diffusion anstelle Fickscher Diffusion und makroskopischer Strömung) wesentlich übersichtlichere und besser manipulierbare Verhältnisse vor. Während eine Anwendung für die industrielle Massenfertigung wegen der geringen Ablagerungsraten und des hohen apparativen Aufwandes noch kaum in Betracht kommt, können die mit Molekularstrahlverfahren zugänglichen Grundlagenkenntnisse u. a. zu einem besseren Verständnis der CVD-Prozesse beitragen /88/, wobei allerdings Vorsicht geboten ist bei der Übertragung auf die Verhältnisse bei höheren Drücken.

Eine massenspektrometrische Untersuchung der Si-Ablagerung nach dem SiH_4-Molekularstrahlverfahren /89/ ergab einen monomolekularen Zerfallsmechanismus des adsorbierten Silans gemäß

$$SiH_4(g) \longrightarrow SiH_4(ad) \longrightarrow Si(s) + 2\,H_2(g) \qquad (1\text{-}22)$$

mit der Reaktionsrate oder Reaktionsstromdichte

$$j_r = \alpha(2\pi m_{SiH_4} k_B T)^{-1/2}\, p_{SiH_4,s} \quad . \qquad (1\text{-}23)$$

1) Insbesondere MBE = Molecular Beam Epitaxy, im Unterschied zu VPE = Vapor Phase Epitaxy als CVD-Methode

Dies ist das Produkt aus der Reaktionseffizienz α[1] und der auf die Oberfläche treffenden Stromdichte des Silans (Molekülmasse m_{SiH_4}).

Überraschenderweise ist hier die Reaktionsstromdichte nicht, wie im vorigen Abschnitt unausgesprochen vorausgesetzt wurde, gleich der Ablagerungsstromdichte, sondern es gilt

$$j_d = j_r \cdot \sigma \qquad (1\text{-}24)$$

mit einem Kondensationskoeffizienten $\sigma \leq 0{,}3$. Da Si-verbrauchende Nebenreaktionen, wie z. B. die Bildung von Disilan Si_2H_6, nur in vernachlässigbarem Umfang auftreten, schließen die Autoren auf Desorption eines Bruchteils σ der Si-Adatome Si(ad), bevor diese durch Oberflächendiffusion an Wachstumsstellen gelangen und in das Kristallgitter eingebaut werden können. In Verbindung mit dem Modell des zweidimensionalen Wachstums an parallelen, äquidistanten Stufen atomarer Höhe ist aus der Temperaturabhängigkeit von σ die freie Aktivierungsenthalpie für die Si-Oberflächendiffusion erhältlich /89,90/. Diese Interpretationen werden jedoch in /88/ angezweifelt, weil beim Atomstrahlverfahren zur Si-Aufdampfung der Kondensationskoeffizient $\sigma = 1$ beobachtet wird.

Jedenfalls tritt beim Silan-CVD-Prozeß unter Atmosphärendruck kein Si-Verlust am Substrat ein, wie die Übereinstimmung zwischen dem aus der Schichtdicke und dem gaschromatographisch ermittelten Silan-Umsatz /91/ zeigt. Auch für Unterdruck-CVD ist wegen der dichten Packung der Scheiben (Abb. 2e) bei einer evtl. auftretenden Adatom-Desorption mit der Wiederkondensation auf der gleichen oder einer benachbarten Scheibe zu rechnen. Daher wollen wir unter CVD-Bedingungen generell von einer Desorption der Adatome als Konkurrenz für die Schichtbildung absehen und den Kondensationskoeffizienten $\sigma = 1$ setzen.

---

[1] α ist die Wahrscheinlichkeit für den Zerfall eines zur Oberfläche gelangenden SiH_4-Moleküls und wächst zwischen 700 und 1000 °C von ca. 0,001 auf 0,01. Der überwiegende Teil der Silanmolekeln verläßt also die Oberfläche wieder, ohne reagiert zu haben.

Einflüsse verstärkter Adsorption

Unter dem Einfluß der höheren Drücke wird bei der chemischen Dampfablagerung gegenüber den Molekularstrahlverfahren das Ausmaß der Adsorption über das Stadium der geringen Bedeckung hinaus vergrößert. Diese kann über multimolekulare Schichten bis zur Bildung flüssiger Mischphasen mit einem Gas/Flüssig/Fest-Ablagerungsmechanismus gehen /1,4,49,92,93,94/, die allerdings nur unter besonderen Ablagerungsbedingungen eintritt [1].

In jedem Fall werden mit der Adsorption auch die übrigen Oberflächenprozesse weitgehend modifiziert, worüber die konkreten Aussagemöglichkeiten noch sehr beschränkt sind. Die Situation ist derjenigen bei der heterogenen Katalyse von Gasphasenreaktionen /95/ ähnlich, wobei eine gegenseitige Befruchtung beider Gebiete erwartet werden kann /96/. Hier soll lediglich die Abhängigkeit der Oberflächenreaktionskinetik vom Bedeckungsgrad unter der vereinfachenden Annahme Langmuirscher Adsorption behandelt werden, um mögliche Auswirkungen auf die Ablagerungsrate aufzuzeigen. Wir betrachten zunächst monomolekulare und dann bimolekulare Modellreaktionen.

Monomolekulare Reaktionen

Nach dem klassischen Modell von Langmuir und Hinshelwood /84/ wird ein der Reaktion vorgelagertes und durch die Reaktion praktisch ungestörtes Adsorptionsgleichgewicht angenommen, beispielsweise für den AX-Zerfall nach Gl. (1-6):

$$AX(g) + S \rightleftharpoons AX(ad). \qquad (1\text{-}25)$$

Dabei wird ein Oberflächenplatz S durch die Adsorption besetzt. Bei der anschließenden monomolekularen Reaktion

[1] Beispielsweise kann bei der GaAs-Ablagerung nach Gl. (1-5) ein relativ hohes Angebot von Trimethylgallium zur Bildung einer Ga-reichen Schmelze und zu Störungen des epitaktischen Schichtwachstums führen /49/. Möglicherweise tritt dabei ein unzusammenhängender Flüssigkeitsfilm auf, während sich eine vollständige Bedeckung der Schicht günstig auf den Wachstumsprozeß auswirkt (s. a. Abschn. 3.1).

$$AX(ad) \longrightarrow A(s) + X(ad) \qquad (1\text{-}26)$$

entsteht ein Gitteratom A [1] und das Produkt X, das seinerseits im Adsorptionsgleichgewicht mit der Gasphase stehen soll:

$$X(ad) \rightleftharpoons X(g) + S \quad . \qquad (1\text{-}27)$$

Die Platzbilanz für die Oberfläche lautet bei maximal monomolekularer Bedeckung:

$$\theta_{AX} + \theta_X + \theta_S = 1 \qquad (1\text{-}28)$$

mit den Bruchteilen θ der von AX und X besetzten sowie der freien Oberflächenplätze. Dabei wurden die A-Adatome vernachlässigt ($\theta_A \approx 0$), was einem praktisch ungehemmten Anbau an das Kristallgitter unter Bildung von A(s) entspricht [2].

Für die Gleichgewichte (1-25) und (1-27) ergeben sich als temperaturabhängige Adsorptionsgleichgewichtskonstanten entsprechend dem Massenwirkungsgesetz und der Gleichung von van't Hoff:

$$\frac{\theta_{AX}}{\theta_S \, P_{AX,s}} = K_{AX} = K_{oAX} \exp\left(\frac{Q_{AX}}{k_B T}\right) \; ; \qquad (1\text{-}29a)$$

$$\frac{\theta_X}{\theta_S \, P_{X,s}} = K_X = K_{oX} \exp\left(\frac{Q_X}{k_B T}\right) \; . \qquad (1\text{-}29b)$$

---

1) Der Anbau erfolgt als "wiederholbarer Schritt" z. B. an eine Halbkristallage ohne Änderung der Zahl der Oberflächenplätze /97/. - Vorgelagerte Oberflächendiffusionsprozesse der zunächst entstehenden A-Adatome sollen mit in Gl. (1-26) einbezogen, aber nicht geschwindigkeitsbegrenzend sein.

2) Andernfalls muß Gl. (1-26) in die Bildungsreaktion von A(ad) und die Anbaureaktion von A(s) aufgeteilt werden. Durch Gleichsetzen beider Reaktionsraten kann θ_A für den stationären Zustand berechnet und eliminiert werden, wobei aber sehr unübersichtliche Ausdrücke resultieren. Sie sind den Ergebnissen für eine monomolekulare katalytische Oberflächenreaktion /98/ analog, bei der die Desorption des Produktes A unter Bildung von A(g) an die Stelle der Anbaureaktion von A(s) tritt.

Die Adsorptionswärmen Q_{AX} und Q_X sind bei Physisorption stets positiv [1], während bei Chemisorption auch negative Werte möglich sind. - Durch Einsetzen der Gleichung (1-29) in (1-28) erhält man den von AX-Molekülen besetzten Bruchteil der Oberflächenplätze Θ_{AX} in Abhängigkeit von den Partialdrücken und von der Temperatur. Diesem Oberflächenbruchteil ist die Geschwindigkeit der monomolekularen Reaktion (1-26) und damit die Ablagerungsrate proportional:

$$j_d = k_1\,\Theta_{AX} = k_1 \frac{K_{AX} P_{AX,s}}{1 + K_{AX} P_{AX,s} + K_X P_{X,s}} \quad . \qquad (1\text{-}30)$$

Hiernach nimmt die Reaktionsordnung mit wachsendem $P_{AX,s}$ von 1 bei schwacher Bedeckung auf 0 bei starker Bedeckung ab, wie der j_d-Verlauf (a) in Abb. 5 zeigt. Für den Silanzerfall tritt ein

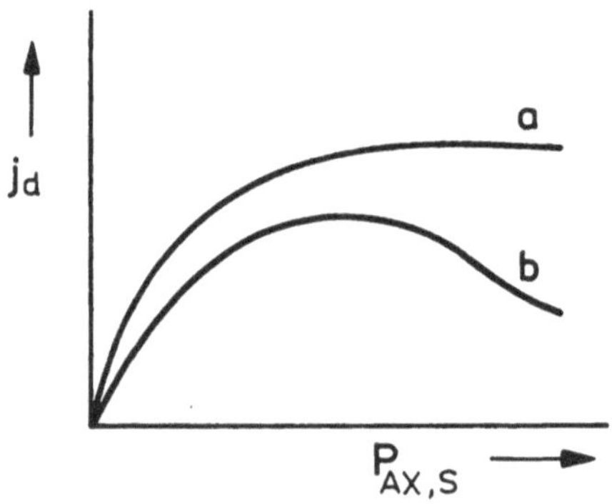

Abb. 5: Abhängigkeit der Ablagerungsstromdichte vom Oberflächenpartialdruck eines Reaktanten AX bei konstanten Partialdrücken der übrigen Reaktanten
a) beim Langmuir-Hinshelwood-Mechanismus für monomolekulare und beim Rideal-Eley-Mechanismus für bimolekulare Reaktionen;
b) beim Langmuir-Hinshelwood-Mechanismus für bimolekulare Reaktionen

Sättigungswert der Ablagerungsrate allerdings schon bei geringeren SiH_4-Partialdrücken auf, bei denen die Homogenkeimbildung

---

[1] Hierbei ist nur die Desorption, nicht aber die Adsorption aktiviert, so daß der resultierende Prozeß exotherm ist. Das Vorzeichen der Adsorptionswärme wird entgegengesetzt zur thermodynamisch üblichen Konvention verwendet. Zur Energetik der Adsorption s. z. B. /99/.

bereits überwiegt (Abschn. 1.1.5).

Bei noch kleineren SiH_4-Partialdrücken in Argon als Trägergas bei Atmosphärendruck wurden von Seto /100/ auf der Grundlage von Gl. (1-30) unter Vernachlässigung der Argon- und der Wasserstoff-Adsorption die Größen k_1 und K_{AX} (d. h. K_{SiH_4}) in ihrer Temperaturabhängigkeit bestimmt. - Beim Silanzerfall in Wasserstoff als Trägergas unter vermindertem Druck fanden Duchemin et al. /24/ Proportionalität der Ablagerungsrate zu $P_{SiH_4,s} \cdot P_{H_2,s}^{-1/2}$. Dies läßt sich mit starker Oberflächenbedeckung durch Wasserstoff erklären, der nach $\frac{1}{2}\, H_2(g) + S \rightleftharpoons H(ad)$ dissoziativ adsorbiert wird. Dann tritt $K_{H_2} \cdot P_{H_2,s}^{1/2} = \Theta_H/\Theta_S$ an die Stelle von $K_X P_{X,s}$ in Gl. (1-30), und es gilt

$$j_d = k_1 \frac{K_{SiH_4}\, P_{SiH_4,s}}{K_{H_2}\, P_{H_2,s}^{1/2}} = k_H\, P_{SiH_4,s} \qquad (1\text{-}31)$$

in Gl. (1-18). In der Arrheniusgleichung (1-19) tragen zur resultierenden Aktivierungsenthalpie ${}^aH = {}^aH_1 - Q_{SiH_4} + Q_{H_2}$ außer der Reaktions-Aktivierungsenthalpie ${}^aH_1$ auch die Adsorptionswärmen bei.

Allgemein ergibt sich eine Arrheniusgleichung für die resultierende Geschwindigkeitskonstante, wenn einer der Summanden im Nenner der Gleichung (1-30) gegenüber den anderen dominiert. Bei stark exothermer Adsorption des Ausgangsstoffs ($Q_{AX} \gg 0$) oder stark endothermer Adsorption des Produktes ($Q_X \ll 0$) kann auch eine Abnahme der Ablagerungsrate mit steigender Temperatur eintreten. Durch Veränderungen im Größenverhältnis der Summanden aus Gl. (1-30) mit der Temperatur können kompliziertere j_d-Verläufe entstehen. Beispielsweise kommt eine derartige Erklärung für das Maximum in der Temperaturabhängigkeit der Ablagerungsrate von SiO_2 nach dem TEOS-Verfahren (Abschn. 1.1.2) in Betracht /42/.

Weitere Möglichkeiten ergeben sich bei Abweichungen vom Adsorptionsgleichgewicht /101/, von denen hier abgesehen werden soll.

Bimolekulare Reaktionen

Für einen bimolekularen Verlauf von Reaktionen des Typs

$$AX(g) + BY(g) \longrightarrow AB(s) + X(g) + Y(g) \qquad (1\text{-}7)$$

gibt es prinzipiell zwei Möglichkeiten /84,96/:

I) Nur eines der beiden Ausgangsmoleküle wird adsorbiert und reagiert mit dem anderen, direkt aus der Gasphase auftreffenden Molekül (Rideal-Eley-Mechanismus). Mit einer bimolekularen Geschwindigkeitskonstanten k_2 ist dann die Ablagerungsstromdichte z. B. bei Reaktion von AX(ad) mit BY(g)

$$j_d = k_2 \, \theta_{AX} \, p_{BY,s} \; . \qquad (1\text{-}32)$$

II) Beide Ausgangsmoleküle werden adsorbiert und reagieren dann mit der Geschwindigkeit

$$j_d = k_2 \, \theta_{AX} \, \theta_{BY} \qquad (1\text{-}33)$$

(Langmuir-Hinshelwood-Mechanismus bimolekularer Reaktionen).

Wieder werden vor- und nachgelagerte Adsorptionsgleichgewichte angenommen und die zugehörigen Massenwirkungsgesetze in die Platzbilanz für die Oberfläche eingeführt, in der die A- und B-Adatome unberücksichtigt bleiben. Sie lautet beim Langmuir-Hinshelwood-Mechanismus

$$\theta_{AX} + \theta_{BY} + \theta_X + \theta_Y + \theta_S = 1 \; , \qquad (1\text{-}34)$$

Demgegenüber fällt beim Rideal-Eley-Mechanismus θ_{BY} weg, und es ergibt sich aus Gl. (1-32):

$$j_d = k_2 \, \frac{K_{AX} \, p_{AX,s} \, p_{BY,s}}{1 + K_{AX} \, p_{AX,s} + K_X \, p_{X,s} + K_Y \, p_{Y,s}} \; . \qquad (1\text{-}35)$$

Die Reaktionsrate ist also proportional zu $p_{BY,s}$ und bei geringer Oberflächenbedeckung auch proportional zu $p_{AX,s}$.

(In Gleichung (1-21) sind dann die Reaktionsordnungen $q = r = 1$ und $k_H = k_2 K_{AX}$.) Bei Erhöhung von $P_{AX,s}$ unter Konstanthaltung der übrigen Partialdrücke ergibt sich der Verlauf (a) in Abb. 5 wie für monomolekulare Reaktionen, und es wird ein Sättigungswert $j_d = k_2 P_{BY,s}$ erreicht.
Für den bimolekularen Langmuir-Hinshelwood-Mechanismus ergibt sich demgegenüber aus Gleichung (1-33):

$$j_d = k_2 \frac{K_{AX} K_{BY} P_{AX,s} P_{BY,s}}{(1 + \sum K_\gamma P_{\gamma,s})^2}. \qquad (1\text{-}36)$$

Dabei erstreckt sich die Summation über alle vier Reaktionspartner γ, einschließlich des im Nenner der Gleichung (1-35) fehlenden BY. - Während der Nenner bei geringer Oberflächenbedeckung wieder eins wird und direkte Proportionalität zu $P_{AX,s}$ und $P_{BY,s}$ (mit $k_H = k_2 K_{AX} K_{BY}$) vorliegt, ergibt sich bei steigender Oberflächenbedeckung durch den einen der beiden Reaktionspartner ein Verdrängungseffekt für den anderen. Dies kommt im Verlauf (b) der Abb. 5 für steigenden Partialdruck, also steigenden Bedeckungsgrad von AX bei konstanten Partialdrücken der übrigen Reaktionsteilnehmer zum Ausdruck und geht bis zur Wiederabnahme der Ablagerungsrate nach

$$j_d = k_2 \frac{K_{BY} P_{BY,s}}{K_{AX} P_{AX,s}}, \qquad (1\text{-}37)$$

sobald $K_{AX} P_{AX,s}$ im Nenner der Gl. (1-36) überwiegt.

Auf der hier dargestellten Grundlage diskutierte Fischer /102/ einige CVD-Reaktionen zur Herstellung von Isolatorschichten. Beispielsweise wurde Unabhängigkeit der Siliziumnitrid-Ablagerungsrate vom Partialdruck überschüssigen Ammoniaks bei der Umsetzung mit SiH_4 oder mit $Si(CH_3)_4$ beobachtet und durch einen Rideal-Eley-Mechanismus gedeutet. Dabei konnte die Partialdruckabhängigkeit der Ablagerungsrate unterhalb des Sättigungsgebietes (Abb. 5a) nicht untersucht werden, weil bei Silan-Überschuß polykristallines Si und bei Tetramethylsilan-Oberschuß Siliziumkarbid entsteht. - Für die Silanoxydation zu SiO_2 nach Gl. (1-3) wäre eine Anwendung der obigen Ansätze /39/ wegen des Auftretens homogener Kettenreaktionen nach Abschnitt 1.1.5 nur für deren (bisher unbekannte) Produkte sinnvoll. Jedoch sind die Adsorptionsverhältnisse hier wahrscheinlich von geringerer Bedeutung als das Reaktionsgeschehen im Gasraum /73,74/.

Für die Bildung von GaAs und GaP aus Trimethylgallium und Arsin bzw. Phosphin nach Gl. (1-5) wird in /103/ aufgrund von Untersuchungen der Vorstadien bei Temperaturen unter 300°C in einem geschlossenen Reaktionssystem der Langmuir-Hinshelwood-Mechanismus angenommen. Ergebnisse aus Strömungsreaktoren bei höheren Temperaturen sind in /49/ zusammengestellt und mit einem Rideal-Eley-Mechanismus erklärt worden. - Allgemein ist zu beachten, daß die Einflüsse der Gasphasendiffusion mit der Temperatur zunehmen und die gleichen Abhängigkeiten der Ablagerungsrate von den mittleren Partialdrücken hervorrufen können wie der Rideal-Eley-Mechanismus (s. u. zu Gl. (1-48)).

Zu diesem Abschnitt, der Möglichkeiten und Probleme bei der Untersuchung und der Diskussion von Oberflächenprozessen deutlich machen sollte, muß abschließend gesagt werden, daß man von einer detaillierten Kenntnis dieser Prozesse - mit Ausnahme der Silanpyrolyse - noch weit entfernt ist. Dafür sind nicht zuletzt die Einflüsse des Stofftransportes in der Gasphase verantwortlich, wie im folgenden deutlich werden wird.

1.4 KONKURRENZ ZWISCHEN DIFFUSIONS- UND OBERFLÄCHENREAKTIONS-KINETIK

Wegen der seriellen Aufeinanderfolge der Gasphasendiffusion an die Oberfläche und der Oberflächenreaktion sind die Stromdichten eines Reaktionspartners für beide Prozesse im stationären Zustand einander gleich [1]. Damit ergibt sich als Verknüpfung der

1) Nebenreaktionen sowie eine Wiederverdampfung der gebildeten Festkörper-Atome (s. z. B. Abschn. 1.3.2 zu Gl. (1-24)) bleiben dabei ausgeschlossen.

Ergebnisse aus Abschn. 1.2 und 1.3 für einen Ausgangsstoff AX der Modellreaktionen (1-6) oder (1-7), der in der negativen y-Richtung diffundiert:

$$j_d = -(j_{AX})_s = k_{t,AX}\,(P_{AX,m} - P_{AX,s}) \; . \qquad (1\text{-}38)$$

Der letztere Ausdruck entspricht der Gl. (1-14) mit dem Stoffübergangskoeffizienten $k_{t,AX}$ in einem Mehrstoffgemisch. – Während sich der Mittelwert $P_{AX,m}$ aus der dem Reaktor zugeführten und der bereits verbrauchten Stoffmenge ergibt (Kap. 2), ist der Oberflächenpartialdruck $P_{AX,s}$ zunächst unbekannt und soll unter Verwendung seines Zusammenhangs mit j_d eliminiert werden. Wir behandeln zuerst den einfachsten Spezialfall.

1.4.1 Zerfallsreaktionen 1. Ordnung

Für die Reaktionsordnung q = 1 in Gl. (1-20) ist die Ablagerungsstromdichte

$$j_d = k_H\, P_{AX,s} \; , \qquad (1\text{-}39)$$

entsprechend der Gl. (1-18) für die Silanpyrolyse in Wasserstoff als Trägergas. Durch Einsetzen in Gl. (1-38) folgt mit $k_{t,AX} = k_t$ (für binäre Diffusion):

$$\boxed{j_d = \frac{P_{AX,m}}{\frac{1}{k_H} + \frac{1}{k_t}} = k\, P_{AX,m}} \; . \qquad (1\text{-}40)$$

k sei als spezifische Ablagerungsstromdichte bezeichnet. Ihr reziproker Wert

$$\boxed{\frac{1}{k} = \frac{1}{k_H} + \frac{1}{k_t}} \qquad (1\text{-}41)$$

entspricht dem Gesamtwiderstand für die Ablagerung, der sich aus dem Reaktionswiderstand $1/k_H$ und dem Stoffübergangswiderstand $1/k_t$ zusammensetzt. Das dimensionslose Verhältnis k_H/k_t ist bestimmend für die Aufteilung des "Potentials" oder der Triebkraft

$P_{AX,m}$ auf den Stoffübergang zur Oberfläche ($P_{AX,m} - P_{AX,s}$) und die Reaktion ($P_{AX,s}$). Es wird nach van den Brekel /104/ als CVD-Zahl

$$N_{CVD} = k_H/k_t \qquad (1\text{-}42)$$

bezeichnet [1]. - Zwei Grenzfälle sind zu unterscheiden:

<u>(I) Diffusionsbegrenzung</u> der Ablagerungsrate bei $k_H/k_t \gg 1$ mit

$$j_d \approx k_t \, P_{AX,m} \quad . \qquad (1\text{-}40a)$$

Der Vergleich mit Gl. (1-14) ergibt $P_{AX,s} \approx 0$, also verschwindende Oberflächenübersättigung. Sie begünstigt ein epitaktisches Schichtwachstum.

<u>(II) Reaktionsbegrenzung</u> der Ablagerungsrate bei $k_H/k_t \ll 1$ mit

$$j_d \approx k_H \, P_{AX,m} \qquad (1\text{-}40b)$$

Hier ergibt der Vergleich mit Gl. (1-39) $P_{AX,s} \approx P_{AX,m}$, also bei vorgegebenem $P_{AX,m}$ größtmögliche Oberflächenübersättigung und damit eine Tendenz zum polykristallinen bzw. amorphen Schichtwachstum.

Die den beiden Fällen zugehörigen Partialdruckverläufe sind im unteren Teil der Abb. 6 in einer der Abb. 4 entsprechenden Darstellung gezeigt. - Nach Abschn. 1.2 und 1.3 hängen sowohl k_t als auch k_H von der Art der Reaktanten, der Temperatur und dem Druck ab. Bei epitaktischer Ablagerung wird k_H außerdem durch die Substratorientierung beeinflußt (s. z. B. /26,88,96/). Für k_t kommen die Reaktorgeometrie und im allgemeinen auch die Strömungsrate hinzu. Sie beeinflussen die effektive Diffusionslänge δ , die erst im Kapitel 2 näher betrachtet und hier unter Vorwegnahme einiger Resultate als gegeben vorausgesetzt wird.

---

[1] Siehe auch Abschm. 3.2. Für den isothermen Fall wird $N_{CVD} = k_B \, T \, k_H/D$ in /104/ als Nusselt- oder Sherwood-Zahl bezeichnet, was von der üblichen Definition (1-15a) abweicht.

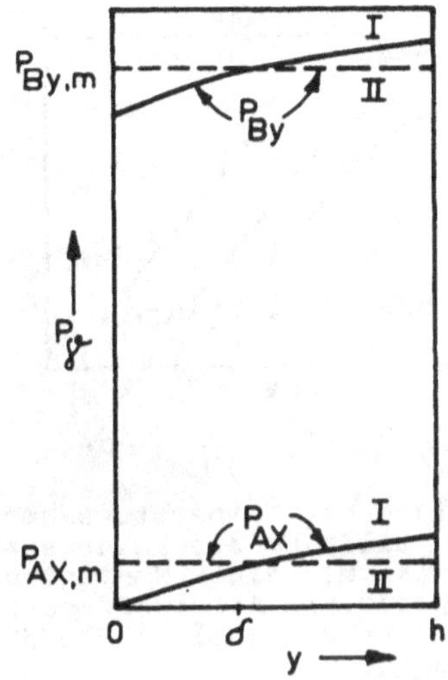

Abb. 6: Ortsabhängigkeit der Partialdrücke von Reaktionspartnern AX und BY bei Begrenzung der Ablagerungsrate durch die Diffusion (I) und durch die Reaktion (II)

Einflußgrößen auf k_H/k_t

Die wichtigste Einflußgröße auf die CVD-Zahl einer gegebenen Ablagerungsreaktion ist die Temperatur. Sie verändert die effektive Diffusionslänge und die Diffusionskoeffizienten nach Gl. (1-12) nur wenig, so daß k_t schwach mit T zunimmt. Demgegenüber wächst nach Gl. (1-19) k_H und damit auch k_H/k_t im allgemeinen stark mit der Temperatur.

Dies kommt für die Silanpyrolyse im Verlauf der oberen Kurve in Abb. 7 zum Ausdruck. Der Logarithmus der stationären Ablagerungsrate [1] ändert sich bei hinreichend tiefen Temperaturen nahezu linear mit $1/T_s$, da hier weitgehende Reaktionsbegrenzung vorliegt und die Arrheniusgleichung für $k \approx k_H$ in Gl. (1-40b) gilt. Mit steigender Temperatur erfolgt der Übergang zum diffusionsbegrenz-

[1] Die Ablagerungsrate $\dot{L}$ (s. Gl. (1-17)) wird meist aus Schichtdicke L und Ablagerungsdauer t nach $\dot{L} = L/t$ bestimmt. Damit werden die nachfolgend diskutierten, instationären Anfangsphasen, deren Zeitdauer klein gegenüber t ist, vernachlässigt.

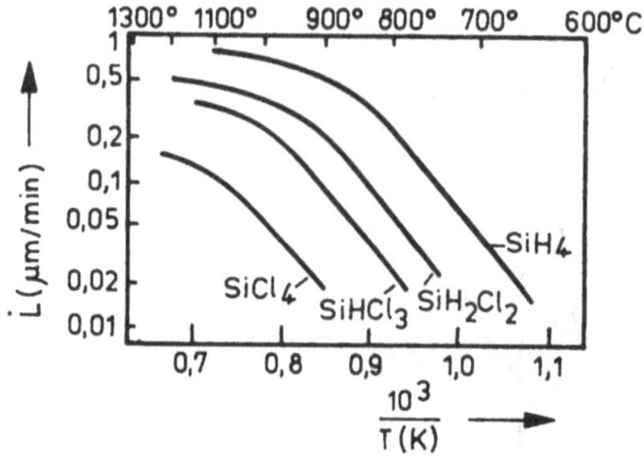

Abb. 7: Arrheniusdarstellung der Temperaturabhängigkeit der Ablagerungsrate von Silizium aus Silan sowie aus Di-, Tri- oder Tetrachlorsilan mit einer Konzentration von 0,1 Vol.-% in Wasserstoff bei Atmosphärendruck (/80/ nach Messungen von S. G. Kroon; vgl. auch /31/)

ten Regime mit seiner wesentlich geringeren Temperaturabhängigkeit für $k \approx k_t$ in Gl. (1-40a). Zwischen 700 und 1050 °C nimmt k_H/k_t von 0,015 auf 5 zu /105/.

Parallel dazu nimmt die Oberflächenübersättigung ab. Dies macht die im Abschn. 1.1.1 erwähnte Zunahme der Korngröße im polykristallinen Si und den Übergang zur Epitaxie bei ca. 1000 °C verständlich. Der Eintritt einer verschwindenden Oberflächenübersättigung im stationären Zustand setzt eine hohe Temperatur voraus, die ein weiteres, das epitaktische Schichtwachstum stark begünstigendes Moment darstellt (s. z. B. /4,107/).

Vor der Einstellung des stationären Zustandes kann dabei eine höhere Oberflächenübersättigung (bis zu $P_{AX,m}$) auftreten, wie sie für die Bildung dreidimensionaler Keime, z. B. bei der Heteroepitaxie, erforderlich ist /88/. Erst danach erfolgt (unter Abnahme von k_t) der Übergang auf ein Wachstum mit weit geringerer Oberflächenübersättigung ($P_{AX,s} \approx 0$), das bei der Homoepitaxie von vornherein möglich ist [1]. In dieser "Selbstadjustierung" der Oberflächenübersättigung, die bei den Vakuumaufdampfverfahren nicht eintritt, liegt ein Vorteil der CVD-Epitaxieverfahren. Andererseits entziehen sich bei der chemischen Dampfablagerung gerade die für die Schichtstruktur entscheidenden Anfangsstadien der Schichtbildung weitgehend einer quantitativen Untersuchung, weil sie bereits abgelaufen sind, noch ehe der Reaktor sein stationäres Arbeitsregime erreicht hat /88/.

Auf dieses Arbeitsregime sind auch die bisherigen Berechnungsmöglichkeiten für den Stoffübergang beschränkt (Kap. 2), so daß keine quantitativen Aussagen über die zeitliche Änderung von k_t und damit von k_H/k_t beim Übergang zum stationären Zustand resultieren. Dieser Zustand wird bei allen nachfolgenden Ausführungen als gegeben vorausgesetzt, wenn nicht ausdrücklich etwas anderes vermerkt ist.

In Abb. 7 ist die Temperaturabhängigkeit der Si-Ablagerungsrate aus Silan derjenigen aus Di-, Tri- und Tetrachlorsilan gegenübergestellt. In diesen Fällen liegen zweiseitige Reaktionen vor, bei denen aber die Änderung von $\dot{L}$ mit der Temperatur ähnlich ist. Ein derartiges Abbiegen von der Arrheniusgeraden mit steigender Temperatur wird bei CVD-Prozessen häufig angetroffen und ist in der Regel als Übergang vom reaktions- zum diffusionsbegrenzten Regime zu interpretieren [2].

---

1) Die erforderliche Übersättigung ist auf stufenreichen Oberflächen vermindert, die in der Praxis durch eine geringe Fehlorientierung (ca. 3°) gegenüber niedrigindizierten Flächen (z. B. (111) bei Si) vorgegeben werden. - Die niedrigere Übersättigung bei der Homoepitaxie gegenüber der Keimbildung auf SiO_2-Maskierungsschichten wird bei der selektiven Si-Ablagerung in den "Fenstern" ausgenutzt, die in solchen Schichten fotolithographisch erzeugt werden /12,26,106/. Dabei muß die Oberflächen-Übersättigung von Anfang an unterhalb des Wertes bleiben, der für die Keimbildung auf dem SiO_2 erforderlich ist.

2) Eine andere Erklärungsmöglichkeit, die von Fall zu Fall zu prüfen ist, liegt in Änderungen der Adsorptionsverhältnisse unter Beibehaltung der Reaktionsbegrenzung, wie sie im Abschn. 1.4.2 besprochen wurden. Weiterhin kann ein Einfluß von Homogenreaktionen (Abschn. 1.1.5) und insbesondere von Homogenkeimbildungsprozessen vorliegen, die mit einer visuell wahrnehmbaren Partikelbildung einhergehen und im Abschn. 1.5 behandelt werden. Der Einfluß einer Bildung flüssiger Phasen beim Erreichen der eutektischen Temperatur in ternären Systemen aus Silizium, Sauerstoff-Verunreinigungen und Dotierungselementen bei den Si-Chloridprozessen (Kap. 3) wird von Čistjakov /1,92/ hervorgehoben. Über weitere Möglichkeiten bei zweiseitigen Reaktionen s. Abschn. 3.1.

Die Absolutwerte der Ablagerungsrate und die Lage des Übergangsgebietes hängen dabei stark von den jeweiligen Reaktionspartnern ab, die den Diffusions- und damit den Stoffübergangskoeffizienten sowie die spezifische Reaktionsrate bestimmen.

Als weitere Einflußgröße läßt sich die effektive Diffuionslänge am Modellfall anschaulich behandeln /108/. Abb. 8 zeigt die Verhältnisse für zwei verschiedene Werte $\delta(1) < \delta(2)$.

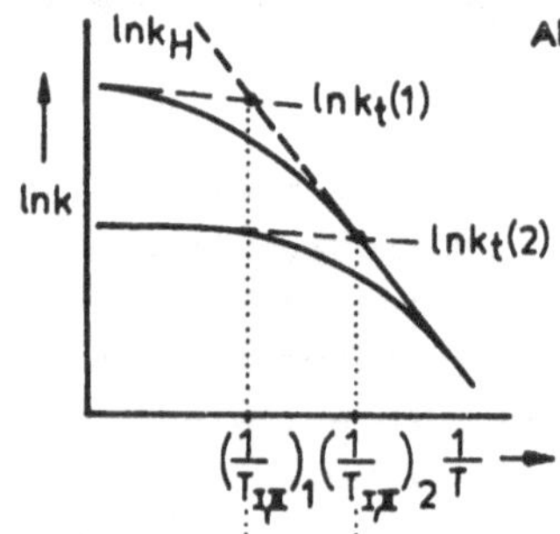

Abb. 8: Arrheniusdarstellung der Temperaturabhängigkeit der spezifischen Ablagerungsstromdichte $k = j_d/P_{AX,m}$ für zwei verschiedene Verläufe des Stoffübergangskoeffizienten k_t.

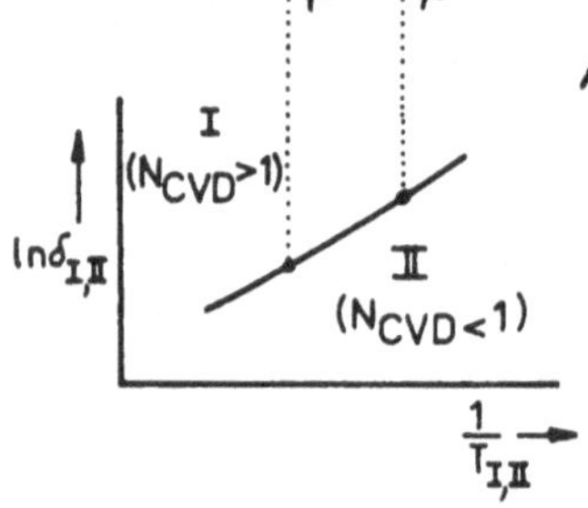

Abb. 9: Zusammenhang zwischen effektiver Diffusionslänge und Substrattemperatur an der Trennlinie zwischen den Gebieten mit überwiegender Diffusionsbegrenzung (I) und Reaktionsbegrenzung (II) der Ablagerungsrate.

Der reaktionsbegrenzte Verlauf der Ablagerungsrate bei tiefen Temperaturen bleibt ungeändert, während sich mit steigender Temperatur zunehmende Unterschiede ergeben, wie sie zwischen Reaktoren mit unterschiedlicher Geometrie generell beobachtet werden.

Besonders einfache Verhältnisse ergeben sich für den bereits im Zusammenhang mit Gl. (1-15) erwähnten Grenzfall einer allein durch die Reaktorgeometrie bestimmten effektiven Diffusionslänge bei y-unabhängiger Temperatur (vgl. Abschn. 2.4). Er wird hier vorausgesetzt, wobei die qualitativen Schlußfolgerungen nicht auf diesen Fall beschränkt sind.

In Abb. 8 wurden die Verläufe der spezifischen Ablagerungsrate k aus dem diffusions- und dem reaktionsbegrenzten Gebiet bis zum Schnitt bei Temperaturen $T_{I,II}$ extrapoliert, die der fiktiven Grenze zwischen beiden Gebieten in Abb. 9 entsprechen. Sie ergibt sich aus der Gleichsetzung der Ausdrücke (1-40a) und (1-40b), d. h. aus

$$(k_H)_{I,II} = (k_t)_{I,II} \quad , \qquad (1\text{-}44)$$

mit den Gln. (1-15) und (1-19):

$$\delta_{I,II} = \frac{D_{oo}}{k_B} \left(\frac{T}{k_{oH}\, P} \right)_{I,II} \exp \left(\frac{a_H}{k_B T_{I,II}} \right) \quad . \qquad (1\text{-}45)$$

Entlang der Grenze ändern sich also die effektive Diffusionslänge und die Temperatur gegensinnig zueinander. Diese Verhältnisse sind in Abb. 9 nach der Art eines Zustandsdiagramms veranschaulicht, das zur Behandlung der Kompensation der Reaktantenverarmung durch δ - und T-Änderungen im Kap. 2 herangezogen wird.

Der Einfluß des Totaldrucks P auf die Übergangstemperatur $T_{I,II}$ ist nach Gl. (1-45) der gleiche wie der Einfluß der effektiven Diffusionslänge, wenn die spezifische Reaktionsrate k_H und damit k_{oH} druckunabhängig ist. Er wird durch eine unterlineare Abnahme von k_{oH} mit steigendem Druck, die nach Abschn. 1.3.2 durch Adsorptionseinflüsse auftreten kann, lediglich abgeschwächt. Beispielsweise gilt beim Silanzerfall infolge der Adsorption des als Trägergas verwendeten Wasserstoffs [1)] $k_{oH} \propto P^{-1/2}$ und damit $k_{oH}\, P \propto P^{1/2}$. Bei konstanter Temperatur wird demzufolge mit abnehmendem Druck ein Übergang von Diffusions- auf Reaktionsbegrenzung beobachtet /24/.

Die Oberflächenübersättigung nimmt also bei gegebenem SiH_4-Angebot ($P_{SiH_4,m}$) mit abnehmendem Totaldruck zu. Trotzdem wird durch Druckerniedrigung ein Übergang von poly- zu einkristallinem Wachstum erzielt, das auf diese Weise bis herab zu 800°C möglich ist /24,89/. Wahrscheinlich beruht dies auf der Desorption des

---

1) Dabei ist $P \approx P_{H_2,s} \gg P_{SiH_4}$ in Gl. (1-31). Zum Druckeinfluß s. a. Abschnitt 1.4.2.

Wasserstoffs, der die Oberflächendiffusion und den Anbau der Adatome an das Kristallgitter behindert.

Eine ähnliche Erniedrigung der "Epitaxietemperatur" wird bereits bei Atmosphärendruck durch die Verwendung von Helium als Trägergas erzielt /109/, das weit weniger adsorbiert wird, sich aber für die industrielle Anwendung nicht durchsetzen konnte. Die Druckerniedrigung eröffnet neue Möglichkeiten und wird zunehmend angewendet werden.

1.4.2 Kompliziertere Ablagerungsreaktionen

Um Reaktionen vom Typ (1-7) mit den Ausgangsstoffen AX und BY zu behandeln, gehen wir wieder vom Zusammenhang zwischen Ablagerungs- und Diffusionsstromdichte an der Oberfläche

$$j_d = -(j_{AX})_s \qquad (1\text{-}38)$$

aus. Wegen des Verbrauchs der beiden parallel diffundierenden Ausgangsstoffe im stöchiometrischen Verhältnis 1:1 kommt nun als zweite Stationaritätsbedingung hinzu [1]:

$$(j_{AX})_s = (j_{BY})_s \; . \qquad (1\text{-}46)$$

Mit Gl. (1-14) folgt

$$j_d = k_{t,AX}\,(P_{AX,m} - P_{AX,s}) = k_{t,BY}\,(P_{BY,m} - P_{BY,s}) \; . \qquad (1\text{-}47)$$

Dabei stehen die Stoffübergangskoeffizienten $k_{t,AX}$ und $k_{t,BY}$ zueinander ungefähr im Verhältnis der Wurzeln aus den Molekularge-

1) Allgemein stehen die stationären Stromdichten zweier Ausgangsstoffe im Verhältnis ihrer stöchiometrischen Koeffizienten für die Verbindungsbildung. Beispielsweise ergibt sich für die Ablagerungsstromdichte von Siliziumnitrid nach Gl. (1-2) wegen des Verbrauchs von 3 SiH_4- und 4 NH_3-Molekülen pro Si_3N_4-Formeleinheit:

$$j_d = -\frac{1}{3}\,(j_{SiH_4})_s = -\frac{1}{4}\,(j_{NH_3})_s .$$

wichten $\sqrt{M_{BY}/M_{AX}}$ (Abschn. 1.2). Wesentlich größer können die Unterschiede zwischen den Partialdrücken werden. Meist wird der Lieferant BY der nichtmetallischen Komponente B [1] in großem Oberschuß verwendet, entsprechend der in Abb. 6 gezeigten Situation mit $P_{BY,m} \gg P_{AX,m}$. Dann ist AX für den Diffusionsstrom der "limitierende Reaktant" /110/, dessen Oberflächenpartialdruck $P_{AX,s}$ im diffusionsbegrenzten Fall nahezu Null wird, während $P_{BY,s}$ einen relativ hohen Wert behält [2]. Es resultiert die diffusionsbegrenzte Ablagerungsstromdichte

$$j_d \approx k_{t,AX} P_{AX,m} = k_{t,BY} (P_{BY,m} - P_{BY,s}) \; . \tag{1-48}$$

Bei konstantem $P_{AX,m}$ führt eine weitere Steigerung von $P_{BY,m}$ somit nicht mehr zum Anwachsen von j_d [3]. Derartige Verhältnisse liegen beispielsweise für die GaAs-Ablagerung aus Trimethylgallium und überschüssigem Arsin (Abschn. 1.1.3) bei den üblichen Temperaturen um 700°C vor. (Die Diffusionsbegrenzung bleibt hier auch bei Druckminderung um ca. 1 Größenordnung weitgehend erhalten /25/.)

Liegt die Reaktionsordnung q = 1 für AX in Gl. (1-21) vor, so kann bei hinreichendem BY-Überschuß mit

$$P_{BY,s}/P_{BY,m} \approx 1 \tag{1-49}$$

---

1) Insbesondere Elemente der 5. Gruppe in den Beispielen aus Abschnitt 1.1. Bei einem Homogenzerfall ihrer Hydride (s. Abschnitt 1.1.5) gelten die nachfolgenden Betrachtungen für B-haltige Zerfallsprodukte anstelle von BY. (Vgl. die Behandlung der GaAs-Ablagerung in Abschn. 3.5).

2) Der Diffusionsstrom wird bei heterogenen Reaktionen allgemein durch den Ausgangsstoff mit dem kleinsten Produkt aus dem Stoffübergangskoeffizienten und dem mittleren Partialdruck limitiert /110/. Nur wenn die "Bedingung für Diffusionsstöchiometrie"

$$k_{t,AX} P_{AX,m} = k_{t,BY} P_{BY,m}$$

erfüllt ist, können beide Oberflächenpartialdrücke Null werden.

3) Das gleiche kann für den reaktionsbegrenzten Fall beim Rideal-Eley-Mechanismus (Abschn. 1.3.2) im Sättigungsgebiet eintreten, wobei j_d ebenfalls proportional zu $P_{AX,m}$ ist. Zur Unterscheidung der beiden Fälle ist die Temperaturabhängigkeit von j_d heranzuziehen.

geschrieben werden:

$$j_d = k_H\, p_{AX,s}\, p^r_{BY,s} \approx k^{*}_H\, p_{AX,s}\, p^r_{BY,m} \; . \qquad (1\text{-}50)$$

Mit einer partialdruckunabhängigen spezifischen Reaktionsrate k^{*}_H ergibt sich vollständige Analogie zu dem im vorigen Abschnitt behandelten Fall, wenn k_H in den Gleichungen (1-39) bis (1-44) durch $k^{*}_H\, p^r_{BY,m}$ und k_{oH} in Gleichung (1-45) durch $k^{*}_{oH}\, p^r_{BY,m}$ ersetzt wird. Abb. 9 gilt damit für $p_{BY,m}$ = const , und die Übergangstemperatur $T_{I,II}$ ändert sich bei konstantem P und δ gegensinnig zu $p^r_{BY,m}$ [1].

Wenn die Reaktionsordnung für AX von eins verschieden wird, dann ergibt sich bereits bei der AX-Zerfallsreaktion (1-6) ein sehr unübersichtlicher, nichtlinearer Zusammenhang [2] zwischen j_d und $p_{AX,m}$ für den allgemeinen Fall mit beliebigem k_H/k_t. Jedoch bleiben die Gl. (1-40a) und (1-48) im diffusionsbegrenzten Fall gültig. Im reaktionsbegrenzten Fall gelten ebenfalls einfache Ausdrücke, die mit

$$p_{AX,s} \approx p_{AX,m} \qquad \text{und} \qquad p_{BY,s} \approx p_{BY,m}$$

aus den Gl. (1-20) und (1-21) hervorgehen. Aus der letzteren Gleichung resultiert für den Übergang zwischen Diffusions- und Reaktionsbegrenzung anstelle des Ansatzes (1-44):

$$(k_H\, p^{q-1}_{AX,m}\, p^r_{BY,m})_{I,II} = (k_{t,AX})_{I,II} \; . \qquad (1\text{-}51)$$

Die Lage des Übergangsgebietes ist also im allgemeinen auch vom mittleren AX-Partialdruck abhängig, der unter sonst gleichen Bedingungen bei $q < 1$ eine gleichsinnige und bei $q > 1$ eine gegen-

---

1) Bei sehr hohen Werten von $p_{BY,m}$ kann $r \lesssim 0$ werden (s. Abschn. 1.3.2).

2) Für die Reaktionsordnung $q = 2$ ist in /98/ ein geschlossener Ausdruck für die Reaktionsrate als Funktion der mittleren Konzentration angegeben, während das für beliebiges q nicht möglich ist.

sinnige Änderung der Übergangstemperatur $T_{I,II}$ bewirkt [1].

Auch beim Vorliegen komplizierterer Reaktionsmechanismen, als sie hier vorausgesetzt wurden (vgl. Abschn. 1.3.2), sind die Oberflächenpartialdrücke bei Reaktionsbegrenzung den mittleren Partialdrücken gleich. Das ermöglicht die Bestimmung ihres Funktionalzusammenhangs mit der Reaktionsrate, die in jedem Fall empirisch erfolgen muß. Experimentelle Kriterien für das Vorliegen von Reaktions- bzw. Diffusionsbegrenzung gehen aus dem Obengesagten hervor und sind in /96/ systematisch zusammengestellt.
Bei Diffusionsbegrenzung liegt stets eine in guter Näherung lineare Abhängigkeit der Ablagerungsrate vom mittleren Partialdruck des limitierenden Ausgangsstoffes vor. Auch können für die Stoffübergangskoeffizienten als Proportionalitätskonstanten Vorhersagen gemacht werden, die experimentell leicht zu prüfen sind. Sie werden im Kap. 2 im Zusammenhang mit verfahrenstechnischen Berechnungen behandelt, die sich bisher praktisch ausschließlich auf lineare Ablagerungsprozesse erstrecken. - Zuvor werden im Abschnitt 1.5 Homogenkeimbildungsprozesse diskutiert, die bei solchen Berechnungen aber von vornherein ausgeschlossen bleiben und bei der technischen Durchführung chemischer Dampfablagerungsprozesse vermieden werden müssen.

1.5 AUSWIRKUNGEN VON HOMOGENKEIMBILDUNGSPROZESSEN (x)

Unsere bisher durchgeführten Modellrechnungen zur chemischen Dampfablagerung basieren auf der Annahme eines rein heterogenen Reaktionsablaufs. Sie entsprechen damit dem heute am häufigsten verwendeten Bild vom CVD-Prozeß und bilden eine Grundlage für erfolgreiche Berechnungen und Maßnahmen zur Erzielung einheitlicher Schichtdicken in Chargenreaktoren (Kap. 2).

Weitaus schwieriger sind quantitative Aussagen beim Auftreten von Homogenreaktionen zu erhalten, das bereits im Abschn. 1.1.5

1) Ist die adsorptive Oberflächenbedeckung durch die Reaktionsprodukte (und damit $K_X P_{X,s}$ bzw. $K_Y P_{Y,s}$ in Gl. (1-30), (1-31), (1-35) oder (1-36)) nicht vernachlässigbar, so hängt die Lage des Übergangsgebietes auch von deren Partialdrücken ab.

diskutiert wurde. Von praktischem Interesse sind dabei hauptsächlich die Grenzbedingungen, bei deren Oberschreitung sich die Homogenkeimbildung störend bemerkbar macht. Will man sich nicht mit deren empirischer (visueller) Bestimmung begnügen, so muß man die Homogenreaktionen als Konkurrenz zur Heterogenreaktion in die Rechnungen einbeziehen. Wir wollen uns diesem Problem von einer einfachen Extremsituation aus annähern, die zuerst von Sladek /57/ theoretisch behandelt wurde.

1.5.1 Homogenreaktion und Homogenkeimbildung bei Vernachlässigung der Oberflächenreaktion (x)

Eine Nichtbeteiligung der Heterogenreaktion an der Schichtbildung bedeutet im bereits früher diskutierten AX-Zerfallsschema (1-8) die Vernachlässigung des Reaktionsweges (c):

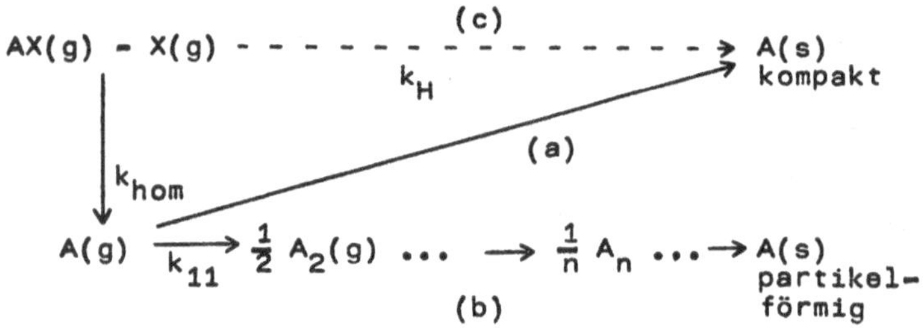

(1-52)

Zur Behandlung der verbleibenden Prozesse ist eine Bilanzgleichung für die A-Atome im Gasraum aufzustellen. Die lokale, zeitliche Änderung des Partialdrucks P_A setzt sich zusammen aus Beiträgen der Homogenreaktionen (entsprechend kontinuierlich verteilten Quellen bzw. Senken, Index Q) und dem Beitrag der Diffusion (d. h. des Stofftransports durch Leitung, Index L)[1]:

---

1) Die Wahl der Indices erfolgt im Hinblick auf die Behandlung weiterer Bilanzgleichungen im Abschn. 2.1.2. Dort werden auch konvektive Beiträge berücksichtigt, die hier vernachlässigt sind, entsprechend einem geringen Verbrauch und damit einem konstanten Partialdruck von AX und A in Strömungsrichtung (senkrecht zu y). Damit entfällt auch die Diffusion in dieser Richtung, die bereits im allgemeinen Fall relativ zum Strömungsbeitrag gering ist.

$$\frac{\partial p_A}{\partial t} = \left(\frac{\partial p_A}{\partial t}\right)_Q + \left(\frac{\partial p_A}{\partial t}\right)_L \ . \qquad (1\text{-}53)$$

Die Diffusion braucht nur in der y-Richtung (Abb. 10) berücksichtigt zu werden und entspricht dem Weg (a) im Schema (1-52).

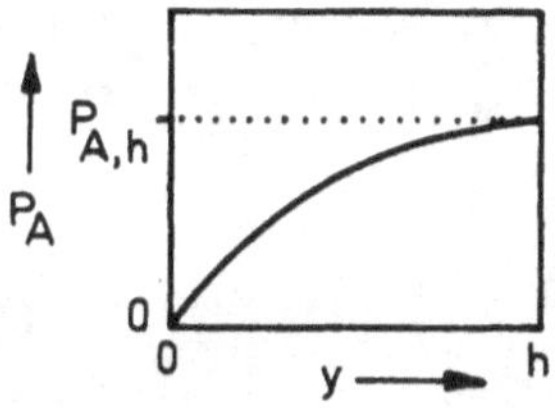

Abb. 10: Ortsabhängigkeit des Partialdrucks einer durch Homogenreaktion entstehenden und durch Ablagerung bei y = 0 verbrauchten Atomart A

Mit dem 1. Fickschen Gesetz (1-11) für die A-Atome folgt als 2. Ficksches Gesetz:

$$- k_B T \frac{\partial j_A}{\partial y} = \left(\frac{\partial p_A}{\partial t}\right)_L = D_A \frac{\partial^2 p_A}{\partial y^2} \ . \qquad (1\text{-}54)^{1)}$$

Der Homogenzerfall der AX-Moleküle erfolge monomolekular mit einer Geschwindigkeitskonstanten k_{hom}. Für den Verbrauch der A-Atome auf dem Weg (b) im Schema (1-52) können bimolekulare Stoßprozesse angenommen werden, so daß sich als Netto-Quellbeitrag ergibt:

$$\left(\frac{\partial p_A}{\partial t}\right)_Q = k_B T \left(k_{hom}\, p_{AX} - k_{11}\, p_A^2 - k_{12}\, p_A\, p_{A_2} - \ldots \right.$$
$$\left. \ldots - k_{1n}\, p_A\, p_{A_n} - \ldots\right) \qquad (1\text{-}55)$$

Während für k_{hom} die Arrheniusgleichung

$$k_{hom} = k_{o,hom} \exp\left(- \frac{{}^aH_{hom}}{k_B T}\right) \qquad (1\text{-}56)$$

mit einer Aktivierungsenthalpie ${}^aH_{hom}$ anzusetzen ist, sollen die bimolekularen Prozesse ohne Aktivierung verlaufen können, so daß

1) Dabei wird D_A als y-unabhängig vorausgesetzt. Bei y-abhängiger Temperatur ist ein mittlerer D_A-Wert einzusetzen.

praktisch jeder Zusammenstoß zur Reaktion führt. Mit wachsender Atomzahl n in den Partikeln nehmen zwar die Stoßquerschnitte zu, aber die für die Reaktionsrate ebenfalls maßgebende Diffusionskoeffizienten und Partialdrücke werden kleiner, so daß sich insgesamt eine Abnahme von $k_{1n}\, P_{A_n}$ mit wachsendem n ergibt. Werden nach Sladek [1] die Beiträge mit $n > 1$ vernachlässigt, so folgt aus den Gleichungen (1-53) bis (1-55) mit $\partial P_A/\partial t = 0$ für den stationären Zustand die Stoffbilanzgleichung

$$\frac{D_A}{k_B T} \cdot \frac{d^2 P_A}{dy^2} + k_{hom}\, P_{AX} - k_{11}\, P_A^2 = 0. \qquad (1\text{-}57)$$

Bilanzgleichungen für weitere Spezies A_n würden ein zu kompliziertes System gekoppelter Differentialgleichungen ergeben, so daß man sich auf die qualitative Diskussion der Einflüsse auf den Beginn der Partikelbildung beschränken muß. Diese wird in Gl. (1-57) allein durch den Beitrag $k_{11}\, P_A^2$ für die Dimerisation berücksichtigt, die als Vorstufe das Ausmaß der Partikelbildung bestimmt. Wegen der vorausgesetzten Einseitigkeit der Reaktionen stellt sie die Bildung des "stabilen Keims" dar.

Ebenso wie der Zusammentritt der Atome im Gasraum soll auch ihr Anbau an die Substratoberfläche einseitig und praktisch ohne Reaktionshemmung verlaufen, so daß der dort vorliegende Partialdruck

$$P_{A,s} = 0 \qquad (1\text{-}58)$$

wird. Es liegt also ein verschwindender Gleichgewichtsdampfdruck vor.

---

1) In /57/ wird eine Diffusionshemmung nur für größere n diskutiert, während für k_{11} die aus dem Stoßquerschnitt folgende Stoßzahl angesetzt wird. Eine konsequentere, aber auch weit aufwendigere Behandlung wäre analog zur Theorie der schnellen Koagulation von v. Smoluchowski /111/ möglich. In jedem Falle ist die Temperaturabhängigkeit von k_{11} gering gegenüber derjenigen von k_{hom}.

Als weitere Randbedingung gilt, entsprechend dem horizontalen Verlauf [1]) von P_A bei y = h in Abb. 10,

$$\left(\frac{dP_A}{dy}\right)_h = (P_A^{\bullet})_h = 0 \quad . \tag{1-59}$$

Die weiteren Rechnungen führen wir für den Heißwandreaktor mit y-unabhängiger Temperatur durch. Hier ist die Gefahr der Partikelbildung größer (s. Abschn. 1.1.5), und es sind etwas weitergehende Aussagen möglich als im anschließend gegenübergestellten anisothermen Fall des Kaltwandreaktors.

Isothermer Fall

Wird zunächst die Partikelbildung vernachlässigt ($k_{11} = 0$), so ergibt sich aus Gl. (1-57) mit der Randbedingung (1-59):

$$\frac{k_{hom}\, k_B T_s}{D_A} \int_0^h P_{AX}\, dy = - \int_{(P_A^{\bullet})_s}^{0} dP_A^{\bullet}$$

$$= \frac{k_{hom}\, k_B T_s}{D_A}\, h\, P_{AX,m} = (P_A^{\bullet})_s = \frac{k_B T_s}{D_A}\, j_d \quad .$$

Die Integration führt also auf dem Mittelwert $P_{AX,m}$ von P_{AX} [2]), und es resultiert

---

1) Im Heißwandreaktor verläuft P_A spiegelsymmetrisch um ein Maximum bei y = h, wenn die Ablagerung an einer bei y = 2h gelegene Reaktorwand in gleichem Maße erfolgt wie am Substrat. Diese Wandablagerung kann bei selektiver Epitaxie oder niedriger Wandtemperatur (Kaltwandreaktor) unterbleiben. Dann gilt Abb. 10 für eine Wandposition bei y = h, wo kein A verbraucht wird, so daß P_A ebenfalls horizontal verläuft (vgl. Abschn. 1.2 zu Abb. 4).

2) Ohne Heterogenreaktion kann von vornherein ein y-unabhängiges $P_{AX} = P_{AX,m}$ vorausgesetzt werden. Im Hinblick auf deren Einbeziehung im Abschn. 1.5.2 würde dies jedoch eine Beschränkung auf den oberflächenreaktionsbegrenzten Fall bedeuten.

$$\boxed{j_d = h\, k_{hom}\, P_{AX,m}\ .} \qquad (1\text{-}60)$$

Verständlicherweise wächst die Ablagerungsrate hiernach mit der Tiefe h des "Einzugsgebietes" der Substratoberfläche für die A-Atome, mit der Zerfallswahrscheinlichkeit der AX-Moleküle (entsprechend k_{hom}) sowie mit deren Angebot in der Gasphase ($P_{AX,m}$). Die Temperaturabhängigkeit folgt aus der Arrheniusgleichung (1-56) für k_{hom} und ist bei konstantem h und $P_{AX,m}$ im Verlauf (a) der Abb. 11 gezeigt.

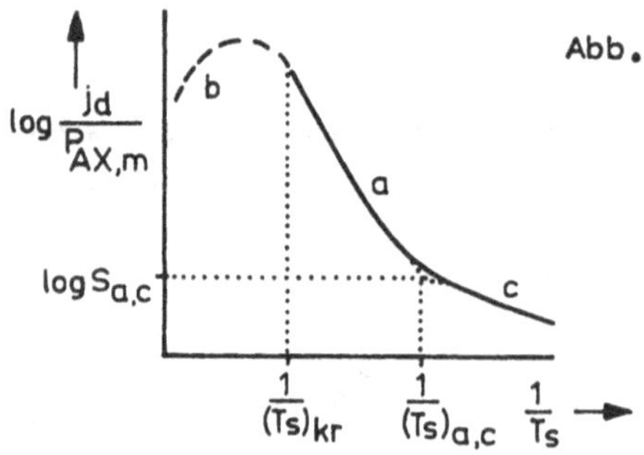

Abb. 11: Arrheniusdarstellung für die Temperaturabhängigkeit der spezifischen Ablagerungsstromdichte bei überwiegender Ablagerung durch Homogenreaktion (a), mit Einfluß der Homogenkeimbildung (b), bzw. durch Heterogenreaktion (c).

Wird nun die Partikelbildung mit einbezogen [1] und ein y-unabhängiges $P_{AX} = P_{AX,m}$ vorausgesetzt, so ergibt sich durch Integration der Bilanzgleichung (1-57) mit der Substitution

$$\frac{d^2P_A}{dy^2} = \frac{dP_A^{\bullet}}{dy} = P_A^{\bullet}\,\frac{dP_A^{\bullet}}{dP_A} \quad :$$

$$j_d = \left[\frac{2P_{A,h}\, D_A}{k_B\, T_s}\left(k_{hom}\, P_{AX,m} - \frac{k_{11} P_{A,h}^2}{3}\right)\right]^{1/2} \ . \qquad (1\text{-}61)$$

Für $k_{11} = 0$ folgt durch Vergleich mit (1-60) für den A-Partialdruck bei y = h (Abb. 10):

---

[1] Dabei wird nach wie vor vorausgesetzt, daß nur die zur Oberfläche diffundierenden A-Atome, nicht aber in die Schicht eingebaute Partikeln (Abschn. 1.1.5) merklich zur Ablagerungsrate beitragen.

$$p_{A,h} = \frac{h^2\, k_{hom}\, p_{AX,m}\, k_B\, T_s}{2\, D_A} . \qquad (1\text{-}62)$$

Bei nicht zu großen Werten von k_{11} kann dies in Gl. (1-61) eingesetzt werden und liefert als Näherung

$$j_d = h\, k_{hom}\, p_{AX,m}\, (1 - \frac{M}{12}) . \qquad (1\text{-}63)$$

Der dimensionslose Parameter

$$M = \frac{h^4\, k_{hom}\, p_{AX,m}\, k_{11}\, k_B^2\, T_s^2}{D_A^2} \qquad (1\text{-}64)$$

enthält alle für die Homogenkeimbildung maßgebenden Größen und ist verantwortlich für die Verminderung der Ablagerungsrate gegenüber Gl. (1-60) infolge Partikelbildung. Diese wächst bei konstantem h und $p_{AX,m}$ mit der Temperatur, die vor allem den Wert der Geschwindigkeitskonstanten k_{hom} nach der Arrheniusgleichung (1-56) beeinflußt [1]. In Abb. 11 kommt das in einem Abbiegen von der Arrheniusgeraden (a) mit Übergang in den Verlauf (b) für die Ablagerungsrate zum Ausdruck.

Bei steigender Temperatur wird häufig mit zunehmender, visuell wahrnehmbarer Partikelbildung eine Wiederabnahme der Ablagerungsrate nach dem Durchlaufen eines Maximums beobachtet. Im Rahmen der hier zugrunde gelegten Modellvorstellung (s. aber Abschnitt 1.5.2) kann dies qualitativ mit Gl. (1-63) erklärt werden. Sie liefert für j_d in Abhängigkeit von k_{hom} und damit praktisch auch von T_s ein Maximum bei M = 8. Dabei ist zu bedenken, daß die Gl. (1-63) für $M \geqslant 12$ negative Ablagerungsraten liefert, also die Verhältnisse auch qualitativ nicht mehr wiedergibt. Jedoch kann ein kritischer M-Wert, bei dem störende Partikelbildung einsetzt,

[1] D_A ist näherungsweise proportional zu T_s^2 (Abschn. 1.2), und die Temperaturabhängigkeit der Geschwindigkeitskonstanten k_{11} für den Dimerisationsprozeß, der als nicht aktiviert vorausgesetzt wurde, ist gering.

auf dieser Grundlage durch

$$8 \gg M_{kr} > 0 \qquad (1\text{-}65)$$

eingegrenzt werden. Mit Gl. (1-56) und (1-64) folgt für den zugehörigen, kritischen Wert von $P_{AX,m}$:

$$(P_{AX,m})_{kr} = \left(\frac{D_A^2}{h^4 \, k_{o,hom} \, k_{11} \, T_s^2} \right)_{kr} \frac{M_{kr}}{k_B^2} \exp\left(\frac{{}^aH_{hom}}{k_B (T_s)_{kr}} \right). \qquad (1\text{-}66)$$

Hiernach ist ein annähernd linearer Anstieg von log $(P_{AX,m})_{kr}$ mit $1/(T_s)_{kr}$ zu erwarten. Ein solcher Zusammenhang wurde für das visuell beobachtete Einsetzen der Partikelbildung bei der Silanpyrolyse gefunden (s. Abb. 3), bei der aber die Interpretation durch das gleichzeitige Auftreten der heterogenen Ablagerungsreaktion kompliziert wird [1].

Mit Gl. (1-63) und (1-64) ergibt sich als kritische Ablagerungsrate, bei der störende Partikelbildung einsetzt:

$$(j_d)_{kr} = \left(\frac{D_A^2}{k_{11} \, h^3 \, T_s^2} \right)_{kr} \frac{M_{kr}}{k_B^2} \left(1 - \frac{M_{kr}}{12}\right). \qquad (1\text{-}67)$$

Dieser Wert kann hiernach beispielsweise durch Verkleinerung der Reaktordimension h oder des Totaldrucks (Anstieg von D_A) nach oben verschoben werden.

---

[1] Im allgemeinen Fall (s. Abschn. 1.5.2) nimmt P_{AX} zur Oberfläche hin ab, bleibt aber im Inneren der Gasphase, wo die Partikelbildung von Eversteyn /59,80/ beobachtet wurde, mit $P_{AX,m}$ vergleichbar. – Aus dem Anstieg der Geraden in Abb. 3 ergibt sich eine Aktivierungsenthalpie, die derjenigen der heterogenen Ablagerungsreaktion (${}^aH$) vergleichbar ist und von Eversteyn der Heterogenreaktion an der Partikeloberfläche zugeordnet wurde. Demgegenüber deutet Gl. (1-66) auf die Aktivierungsenthalpie der Homogenreaktion (${}^aH_{hom}$) als maßgebende Größe für die Temperaturabhängigkeit des kritischen Partialdrucks hin (s. a. Abschn. 1.5.2 zu Gl. (1-75)).

Anisothermer Fall

Die Rechnungen für den Kaltwandreaktor können nach Sladek /57/ unter der Annahme eines linearen Verlaufs von 1/T(y) in Oberflächennähe durchgeführt werden, wobei von einer dimensionslosen Form der Stoffbilanzgleichung auszugehen ist.
Ohne Berücksichtigung der Homogenkeimbildung ergibt sich ähnlich wie im isothermen Fall, aber unter Beschränkung auf konstantes $P_{AX} = P_{AX,m}$:

$$j_d = \frac{k_B \; T_s^2}{a_{H_{hom}} \; T_s'} \; k_{hom,s} \; P_{AX,m} = h_e \; k_{hom,s} \; P_{AX,m} \quad . \quad (1\text{-}68)$$

Dabei ist $k_{hom,s}$ der Wert von k_{hom} bei $T = T_s$ wie in Gl. (1-60). An die Stelle der Reaktordimension h ist der Quotient h_e getreten, der als effektive Tiefe des Einzugsgebietes der Oberfläche für die A-Atome angesehen werden kann. Er ändert sich gegensinnig zum Betrag des Temperaturgradienten T_s' an der Oberfläche, der in Kaltwandreaktoren die Größenordnung 10^2 K/mm besitzt. Im Unterschied zu Heißwandreaktoren mit einer Tiefe h des Einzugsgebietes von einigen Zentimetern liegt h_e etwa eine Größenordnung niedriger, und die Homogenreaktion bleibt weitgehend auf das oberflächennahe Gebiet beschränkt.

Dementsprechend setzt auch die Homogenkeimbildung erst bei wesentlich höheren Werten von $P_{AX,m}$ oder von T_s ein, so daß die kritische Ablagerungsrate höher liegt als im isothermen Fall nach Gl. (1-67). Jedoch sind die Modellrechnungen im anisothermen Fall komplizierter, und der experimentelle Vergleich ist erschwert durch das gleichzeitige Auftreten der heterogenen Ablagerungsreaktion, die im folgenden in die Betrachtung einbezogen wird.

1.5.2 Zusammenwirken von Oberflächen- und Homogenreaktion mit Homogenkeimbildung (x)

Isothermer Fall

Ohne Homogenkeimbildung ergibt sich bei gemeinsamer Ablagerung durch die Homogenreaktion (a) und die Heterogenreaktion (c) im

AX-Zerfallsschema (1-52) unter Vereinigung der beiden parallelgeschalteten Ablagerungsstromdichten (1-40) und (1-60):

$$j_d = \left(\frac{1}{\frac{1}{k_H} + \frac{1}{k_t}} + h\, k_{hom}\right) P_{AX,m} \quad . \tag{1-69}$$

Für den Temperaturverlauf ist davon auszugehen, daß die Aktivierungsenthalpie des Zerfallprozesses unter der katalytischen Wirkung der Oberfläche erniedrigt wird:

$$a_H < a_{H_{hom}} \quad . \tag{1-70}$$

Erfüllen die Präexponentialfaktoren in den Arrheniusgleichungen (1-19) und (1-56) die Bedingung

$$k_{oH} < h\, k_{o,hom} \quad . \tag{1-71}$$

wie in den Abb. 11 und 12 vorausgesetzt wurde, so kommen die Tem-

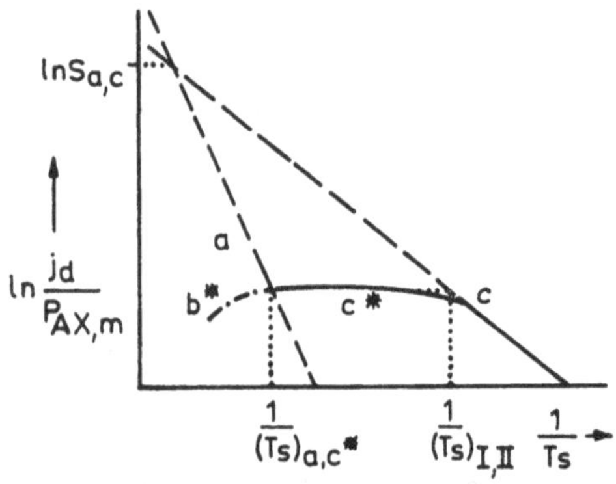

Abb. 12: Arrheniusdarstellung für die Temperaturabhängigkeit der spezifischen Ablagerungsstromdichte (ausgezogen und strichpunktiert) sowie der Größen h k_{hom}(a) und k_H(c) (gestrichelt).

peraturverläufe von h k_{hom} (a) und k_H (c) zum Schnitt bei

$$(k_H)_{a,c} = (h\, k_{hom})_{a,c} = S_{a,c} \quad . \tag{1-72}$$

Dieser Wert hängt allein von der Reaktordimension h und den reaktionsspezifischen Parametern aus den Arrheniusgleichungen ab. Gilt nun für den Stoffübergangskoeffizienten

$$k_t \gg s_{a,c} \quad , \tag{1-73}$$

so kann der Beitrag $1/k_t$ (entsprechend dem Diffusionswiderstand für AX) in Gl. (1-69) vernachlässigt werden. Das ergibt den in Abb. 11 ausgezogenen Verlauf [1] von

$$j_d = (k_H + h\, k_{hom})\, p_{AX,m} \tag{1-74}$$

mit den Bereichen (c) und (a), in denen die Heterogen- bzw. die Homogenreaktion geschwindigkeitsbegrenzend ist. Bei hohen Temperaturen folgt das Homogenkeimbildungsgebiet (b) praktisch unverändert gegenüber dem im vorigen Abschnitt auf den isothermen Fall ausgedehnten Modell von Sladek.
Gilt dagegen wir in Abb. 12

$$k_t \ll s_{a,c} \quad , \tag{1-73b}$$

so schließt sich an den durch die Heterogenreaktion begrenzten Tieftemperaturbereich (c) zunächst ein "Plateau" (c^*) mit AX-Diffusionsbegrenzung an. Dies ist wieder die im Abschnitt 1.4.1 behandelte Situation mit der Silanpyrolyse als Beispiel (Abb. 7 und 8).
Bei weiterer Temperatursteigerung könnte ab $(T_s)_{a,c^*}$ ein Steilanstieg der Ablagerungsrate mit Begrenzung durch die Homogenreaktion (a) folgen, bis bei $(T_s)_{kr}$ die kritische Ablagerungsrate erreicht ist und wie in Abb. 11 der Übergang in das Homogenkeimbildungsgebiet (b) stattfindet. Für diese, dem Modell von Sladek entsprechende Hochtemperatursituation muß der näherungsweise durch Gl. (1-66) gegebene Wert von $(T_s)_{kr}$ oberhalb von $(T_s)_{a,c^*}$ liegen. Dagegen kann bei

---

[1] Für die Konkurrenz zwischen homogenen und heterogen katalysierten Gasreaktionen wird die entsprechende Situation in den Lehrbüchern der physikalischen Chemie und der chemischen Kinetik /84,113/ diskutiert.

$$(T_s)_{kr} \leqslant (T_s)_{a,c^*} \qquad (1\text{-}75)$$

die Homogenkeimbildung bereits einsetzen und sich visuell durch Partikelbildung bemerkbar machen, noch ehe die Homgenreaktion den dominierenden Beitrag zur Ablagerungsrate liefert [1]. Spätestens wenn die Temperatur $(T_s)_{a,c^*}$ überschritten wird, macht sich die Homogenkeimbildung auch in einer Abnahme der Ablagerungsrate bemerkbar, entsprechend dem strichpunktierten Verlauf (b^*) in Abb. 12 mit zunehmender Partikelbildung [2]

Auf diese Weise kann die bei hohen Silankonzentrationen auftretende Wiederabnahme der Ablagerungsrate mit steigender Temperatur bei der Silanpyrolyse/112/ erklärt werden. Dieser Bereich wird im Interesse einer hohen Schichtqualität vermieden, so daß der in den Abschnitten 1.3.2 und 1.4.1 diskutierte, heterogene Reaktionsablauf dominiert.

Gegenüber den bisher behandelten Fällen treten kompliziertere Verhältnisse auf, wenn durch Homogenreaktionen Zwischenprodukte gebildet werden, die ihrerseits zur Oberfläche diffundieren und dort unter Homogenreaktion den Festkörper bilden. Hiermit ist bei der Si-Ablagerung von Chloridsystemen (s. Abschn. 3.4) und auch bei der Ablagerung vieler Verbindungen (s. Abschn. 1.1.5 und 3.5) zu rechnen. Jedoch wird auch in solchen Fällen meist die finale Heterogenreaktion als maßgebend für den Temperaturverlauf der Ablagerungsrate im Arrhenius-Gebiet angesehen. Demgegenüber gilt der von Sladek /57/ behandelte, rein homogene Reaktionsverlauf, bei dem sich keine aktivierten Oberflächenprozesse in der Tempe-

---

[1] Wird angenommen, daß die Partikelbildung auch bei dominierender Heterogenreaktion schon ab $(T_s)_{kr}$ sichtbar wird, so bleibt die mit Gl. (1-66) gegebene Interpretation der Abb. 3 gültig.

[2] Eine weitere Möglichkeit besteht darin, daß die Ungleichung (1-73) sowie $(T_s)_{kr} \leqslant (T_s)_{a,c}$ gilt. Dann schließt sich das Homogenkeimbildungsgebiet bei steigender Temperatur unmittelbar an das oberflächenreaktionsbegrenzte Gebiet an, und es tritt weder Diffusionsbegrenzung (wie in Abb. 12) noch Begrenzung durch die Homogenreaktion (wie in Abb. 11) auf.

raturabhängigkeit bemerkbar machen, als wenig wahrscheinlich. Andererseits beruft man sich häufig auf dessen Modell, sobald Homogenkeimbildung auftritt. Ein Grund für diese Inkonsequenz liegt darin, daß die quantitative Behandlung des allgemeinen Falles unter Einfluß heterogener Ablagerungsreaktionen noch weniger aussichtsreich ist als beim Sladek-Modell. Deshalb mußte hier der qualitativen Diskussion so breiter Raum gegeben werden. Sie ist nun noch auf die Verhältnisse im Kaltwandreaktor auszudehnen.

Anisothermer Fall

Solange ein y-unabhängiger Partialdruck $P_{AX} = P_{AX,m}$ vorliegt, besteht wieder eine weitgehende Analogie zum isothermen Fall. Es gilt Gl. (1-68), und in Gl. (1-74) tritt lediglich die "effektive Tiefe des Einzugsgebietes" h_e an die Stelle von h, so daß die Abb. 11 gültig bleibt. Voraussetzung dafür ist ein hinreichend großer Stoffübergangskoeffizient gemäß Gl. (1-73a).

Im allgemeinen liegen jedoch wesentlich kompliziertere Verhältnisse vor. Die Situation, die sich im anderen Extremfall mit Gl. (1-73b) bei AX-Diffusionsbegrenzung ergibt, ist in Abb. 13 gezeigt. Die Homogenkeimbildung setzt in einer bestimmten Entfernung vor der Substratoberfläche infolge "konstitutioneller Übersättigung" ein, sobald der kritische Partialdruck $(P_{AX})_{kr}$ überschritten wird. Sein Verlauf wird durch die Temperaturabhängigkeit bestimmt, die beispielsweise für die Silanpyrolyse aus der empirisch erhaltenen Abb. 3 entnommen werden kann.

Auf dieser Basis hat Eversteyn /59,80/ mit Erfolg die höchstzulässigen Silankonzentrationen (entsprechend dem gestrichelten Verlauf in Abb. 12) ermittelt, wobei zur Vereinfachung lineare Verläufe von T und P_{AX} angenommen wurden.

Eine allgemeine Behandlung des Phänomens der "konstitutionellen Übersättigung" als Ursache der Homogenkeimbildung stößt bereits bei der physikalischen Dampfablagerung auf erhebliche Schwierigkeiten /4,114/. Man bleibt in jedem Falle auf die empirische Ermittlung der Bedingungen angewiesen, unter denen die Homogenkeimbildung vermieden wird. Die Einhaltung dieser Bedingungen wird im folgenden stets vorausgesetzt.

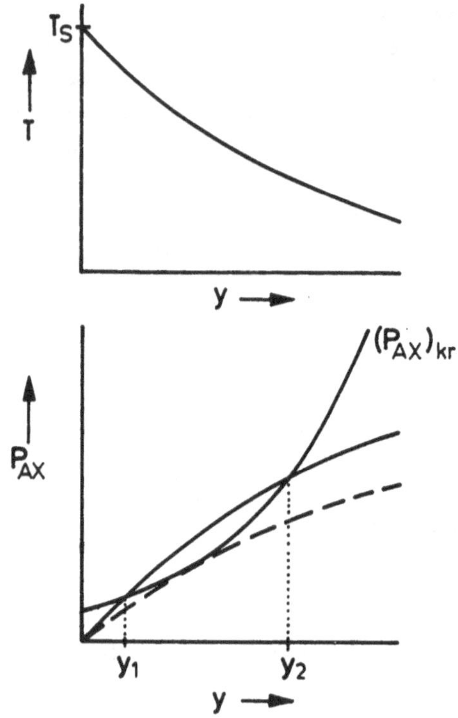

Abb. 13: Ortsabhängigkeit der Temperatur T und des Partialdrucks P_{AX} bei Diffusionsbegrenzung im Kaltwandreaktor. Der kritische Partialdruck $(P_{AX})_{kr}$ wird beim ausgezogenen Verlauf von P_{AX} für $y_1 < y < y_2$ unter Homogenkeimbildung überschritten, was beim gestrichelten Verlauf unterbleibt.

2. GRUNDLEGENDE VERFAHRENSVARIANTEN UND MODELLRECHNUNGEN ZUM STOFFÜBERGANG SOWIE ZUR SCHICHTDICKENHOMOGENITÄT

In unseren bisherigen Berechnungen wurde beim Stofftransport in der Gasphase allein die Diffusion senkrecht zum Substrat betrachtet. Die vorwiegend parallel zur Oberfläche gerichtete Konvektion fand lediglich implizit bei der Einführung der effektiven Diffusionslänge δ Berücksichtigung.

Zur Berechnung von δ und damit von k_t ist eine solche "eindimensionale" Betrachtungsweise nicht ausreichend. Diese kann auch nur mittlere Ablagerungsraten liefern, aber noch keine Aussagen darüber, wie die im technologischen Prozeß angestrebten, ortsunabhängigen Schichtdicken erzielt werden können.

Hierzu sollen Modellrechnungen für die wichtigsten Chargenreaktoren aus Abschn. 0.1 durchgeführt werden, wobei die Beschränkung auf einseitige Reaktionsabläufe weitgehend beibehalten wird. Im Vordergrund steht die vergleichende Betrachtung der verschiedenen Verfahrensvarianten unter stark vereinfachenden Annahmen /108/. Eine erste Übersicht über die dabei benutzten Ansätze sowie über weiterführende Möglichkeiten wird im Abschn. 2.1 gegeben, ohne hier bereits Einzelheiten zur Modellbildung zu bringen, die das Wesen dieser Ansätze in den darauffolgenden Abschnitten weiter verdeutlichen werden.

2.1 BILANZIERUNG BEI CVD-PROZESSEN

2.1.1 Stoffbilanzen

Ein wichtiges Problem für die Erzielung einheitlicher Schichtdikken in Chargenreaktoren ist die stromabwärts eintretende Reaktantenverarmung, auf die bereits im Abschn. 0.1 hingewiesen wurde. Zu ihrer Behandlung wird von einer partiellen Durchmischung im Gasraum, wie sie z. B. in Teller-Reaktoren (Abb. 2b und c) durch Verwirbelung auftreten kann /14/, abgesehen und damit eine Verdrängungsströmung vorausgesetzt. Dies ist für die übrigen Chargenreaktoren aus Abb. 2 eine sinnvolle Näherung.

Anhand der Abb. 14 stellen wir eine Bilanz für den Ausgangsstoff AX in einem Schichtvolumenelement der Dicke dz auf, wobei z die zur Oberfläche parallele Strömungsrichtung bei der erzwungenen Konvektion ist, die durch die geringe Druckdifferenz zwischen Reaktorein- und -ausgang entsteht. Die Ablagerung erfolgt auf dem zugehörigen Oberflächenelement l dz mit der Breite l der Ablagerungsfläche in der zu z senkrechten Richtung. Im einfachsten Fall eines rechteckigen Kaltwandreaktors mit ebenem Heizer und Substratträger der z-unabhängigen Breite a, auf dem die Ablagerung erfolgt, ist l = a. Es werden aber auch kompliziertere Fälle,

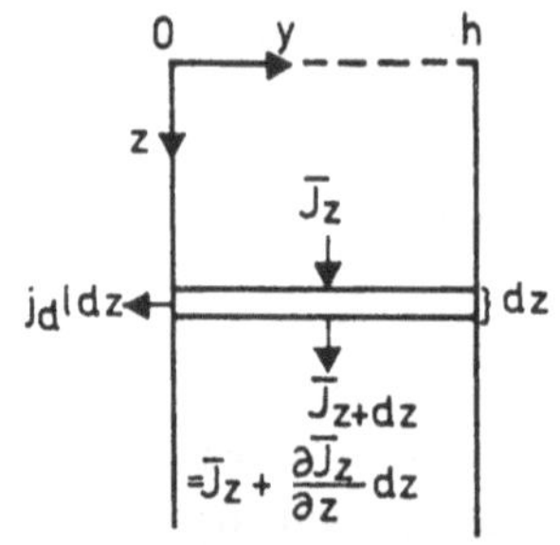

Abb. 14 Zur Stoffbilanz in einem Schichtvolumenelement der Dicke dz im Gasraum mit einer Ablagerungsfläche 1 dz.

wie z. B. der Pyramidenreaktor (Abb. 2a) mit einem Umfang 1 des pyramidenstumpfförmigen Substratträgers und -heizers, durch unsere Bilanzierung erfaßt /115/.

Diese liefert für den stationären Fall, in dem der (senkrecht zur z-Richtung gemittelte) Zustrom von $\bar{J}_z$ Molekülen AX pro Zeiteinheit gleich der Summe aus dem Abstrom $\bar{J}_{z+dz}$ in z-Richtung und der AX-Verbrauchsgeschwindigkeit durch die Ablagerung ist (s. Abb. 14):

$$\bar{J}_z = \bar{J}_{z+dz} + j_d \, l \, dz.$$

Damit gilt

$$\boxed{j_d \, l + \frac{\partial \bar{J}_z}{\partial z} = 0.} \qquad (2.1)$$

Auf der Grundlage dieser summarischen Bilanz für den (gegebenenfalls limitierenden)Ausgangstoff werden wir im Abschn. 2.1 das Verarmungsproblem allgemein behandeln. Zur Vereinfachung wird dabei nur der konvektive Beitrag zu $\bar{J}_z$ berücksichtigt, da die Diffusion in der z-Richtung meist relativ gering ist. Im Abschn. 2.3 erfolgt dann die Anwendung auf reaktionsbegrenzte Fälle und im Abschn. 2.5 die Ausdehnung auf den diffusionsbegrenzten Fall im horizontalen Kaltwandreaktor, wobei im Rahmen eines stark vereinfachten Modells empirische Stoffübergangskoeffizienten verwendet werden.

Zuvor sollen im Abschn. 2.4 theoretische Berechnungsmöglichkeiten für den Stoffübergang bei laminaren Strömungsbedingungen behandelt werden. Dazu ist eine lokale Stoffbilanzgleichung für differentielle Volumenelemente (dx dy dz) erforderlich, die im folgenden bereitgestellt wird.

Der Stofftransport in der zu y und z (Abb. 14) senkrechten x-Richtung wird wieder vernachlässigt, während der Transport in y-Richtung zunächst analog zur z-Richtung zu behandeln ist. Im stationären Zustand sind Zu- und Abstrom der AX-Moleküle wieder gleich groß:

$$J_y + J_z = J_{y+dy} + J_{z+dz} \;.$$

Also gilt

$$\frac{\partial J_y}{\partial y}\, dy + \frac{\partial J_z}{\partial z}\, dz = 0 \;. \tag{2-2}$$

In der zur Oberfläche und zur Strömung senkrechten y-Richtung erfolgt der AX-Transport nur durch Diffusion mit der durch Gl.(1-10) bzw. (1-11) gegebenen Stromdichte

$$\frac{J_y}{dz\ dx} = - D\, c\, \frac{\partial \frac{c_{AX}}{c}}{\partial y} = - \frac{D}{k_B T}\, \frac{\partial p_{AX}}{\partial y} \;. \tag{2-3}$$

Ist die lineare Strömungsgeschwindigkeit U hinreichend groß, so kann die Diffusion in z-Richtung vernachlässigt werden, und es ergibt sich als konvektive Stromdichte:

$$\frac{J_z}{dx\ dy} = U\, c_{AX} = U\, \frac{p_{AX}}{k_B\, T} \;. \tag{2-4}$$

Die Gl. (2-2) bis (2-4) führen auf

$$\frac{\partial}{\partial y}\left(D\, c\, \frac{\partial \frac{c_{AX}}{c}}{\partial y}\right) - \frac{\partial\, U\, c_{AX}}{\partial z} = 0 \;. \tag{2-5}$$

Diese Stoffbilanzgleichung nimmt für ortsunabhängige Temperatur, für z-unabhängige Strömungsgeschwindigkeit und für konzentrationsunabhängige Diffusionskoeffizienten (Abschn. 1.2) die Form an:

$$\boxed{D\, \frac{\partial^2 p_{AX}}{\partial y^2} - U\, \frac{\partial p_{AX}}{\partial z} = 0} \;. \tag{2-6}$$

Das erste Glied erfaßt den Anteil der Diffusion an der zeitlichen

Änderung des Partialdruckes im betrachteten Raumpunkt (entsprechend dem 2. Fickschen Gesetz), während das zweite Glied den Anteil der Konvektion darstellt. Die resultierende Partialdruckänderung ist wegen der vorausgesetzten Stationarität gleich Null.
- Der Stoffübergang an die Oberfläche, der in die summarische Stoffbilanz (2-1) unmittelbar einbezogen wurde, ist bei lokalen Bilanzgleichungen in Form der Gleichheitsbedingung (1-38) von Ablagerungs- und Oberflächendiffusionsstromdichte zusätzlich zu berücksichtigen (Abschn. 2.4).

Mit den Gl. (2-1) und (2-6) ist die Ausgangsbasis für unsere späteren, "zweidimensionalen" Modellrechnungen gegeben. Sie stellen einen Mittelweg zwischen der unzureichenden "eindimensionalen" Betrachtungsweise und weiterführenden, "dreidimensionalen" Berechnungen des Stoffübergangs dar, in denen auch Abweichungen vom isothermen sowie vom laminaren Fall berücksichtigt werden.

Solche Abweichungen sind beispielsweise für den horizontalen Kaltwandreaktor wichtig, wo die thermischen Auftriebskräfte, die eine freie Konvektion verursachen, senkrecht zur Richtung der erzwungenen Konvektion wirken. Dieser Hauptströmung kann sich die freie Konvektion zu einer "kombinierten Strömung" überlagern, was die Berechnung des Stoffübergangs sehr erschwert /117/.

Auch bei einfacheren Temperatur- und Strömungsverhältnissen kann derzeit auf eine halbempirische Optimierung der Schichtdickenhomogenität in CVD-Reaktoren nicht verzichtet werden. Hierfür liefern bereits "zweidimensionale" Modelle die wichtigsten Leitlinien, wobei in wachsendem Maße eine Unterstützung durch exaktere Rechnungen erfolgen wird. [1)]

Der Rahmen für solche Rechnungen, die auf den Stoff-, Wärme- und Impulsbilanzgleichungen der Verfahrenstechnik [2)] basieren, soll

---

1) Weitere, zunehmend wichtige Anwendungsgebiete für Stoffübergangsrechnungen ergeben sich bei den Problemen der Schichtmorphologie (Abschn. 3.2) sowie bei der Dotierung, deren Homogenität zugleich mit der Schichtdickenhomogenität zu gewährleisten ist (Abschn. 4.1.3).

2) Siehe z. B. /75,116/ sowie die Lehrbücher der Verfahrenstechnik.

im nächsten Abschnitt skizziert werden. Von einigen, bereits vorliegenden Teilergebnissen wird in den nachfolgenden Abschnitten Gebrauch gemacht, ohne daß die Rechnungen im einzelnen wiedergegeben werden können.

2.1.2 Möglichkeiten zur erweiterten Behandlung (x)

Die vollständige Stoffbilanzgleichung für einen Reaktionspartner AX kann folgendermaßen aufgebaut werden:

$$\frac{\partial c_{AX}}{\partial t} = \left(\frac{\partial c_{AX}}{\partial t}\right)_L + \left(\frac{\partial c_{AX}}{\partial t}\right)_K + \left(\frac{\partial c_{AX}}{\partial t}\right)_Q . \quad (2\text{-}7)$$

Dies ist die resultierende Speicherung von AX im betrachteten Volumenelement. Sie verschwindet im stationären Fall, der bei der Behandlung des Verarmungsproblems stets vorausgesetzt wird. Die einzelnen Beiträge entsprechen der Diffusion oder molekularen Leitung (L), der Konvektion (K) sowie der Geschwindigkeit von Homogenreaktionen als Stoffquellen (Q). Solche Quellbeiträge treten im Zusammenhang mit der Homogenkeimbildung (vgl. Gl.(1-53)) oder durch anderweitige Reaktionen in der Gasphase auf (Abschn. 1.1.5). Sie können eine Kopplung der Gleichung (2-7) mit den analog aufgebauten Bilanzgleichungen der anderen Reaktionspartner bewirken /118/. Wegen der damit verbundenen Schwierigkeiten werden Homogenreaktionen bei der Behandlung des Stoffübergangs allenfalls unter der Annahme vollständiger Gleichgewichtseinstellung zwischen den gasförmigen Reaktionspartnern berücksichtigt (s. Abschn. 3.5).

Der Diffusionsbeitrag in Gl. (2-7) hat bei Verwendung des Nabla-Operators ∇ die allgemeine Form

$$\left(\frac{\partial c_{AX}}{\partial t}\right)_L = \nabla \left(D\, c\, \nabla \frac{c_{AX}}{c}\right). \quad (2\text{-}8)$$

Bei Beschränkung auf die y-Richtung ergibt sich hieraus das erste Glied der Gl. (2-5). Deren zweites Glied ist der entsprechende Sonderfall des allgemeinen Konvektionsbeitrages

$$\left(\frac{\partial c_{AX}}{\partial t}\right)_K = - \nabla \vec{U} \, c_{AX} \qquad (2\text{-}9)$$

mit dem Vektor der Strömungsgeschwindigkeit $\vec{U}$.

Durch Summation der Bilanzgleichungen aller (n) gasförmigen Spezies mit der mittleren Molekülmasse $\bar{m}$ ergibt sich als Bilanzgleichung für die Massendichte $\rho = \bar{m}\, c$ die Kontinuitätsgleichung

$$\frac{\partial \rho}{\partial t} = - \nabla \vec{U} \rho \quad . \qquad (2\text{-}10)$$

Aufgrund der Massenerhaltung haben sich die Quellbeiträge sowie die Diffusionsbeiträge zu Null ergänzt. - Häufig wird anstelle der n Stoffbilanzgleichungen lediglich die Bilanzgleichung für einen (limitierenden) Ausgangsstoff zusammen mit der Kontinuitätsgleichung verwendet (s. z. B. /115,117/).

Zur Berechnung des Geschwindigkeits- und des Temperaturfeldes sind die Impuls- und die Wärmebilanzgleichung erforderlich. Ihre allgemeinen Ansätze ergeben sich bei Ersatz der Teilchendichte c_{AX} in Gleichung (2-7) durch die Impulsdichte $\rho \vec{U}$ für die Impulsbilanz bzw. durch die volumenbezogene Wärmemenge $\rho\, C_p\, T$ (mit der spezifischen Wärme C_p bei konstantem Druck) für die Wärmebilanz.

Wegen näherer Ausführungen über die Einzelglieder dieser Bilanzgleichungen und über die Handhabung des resultierenden Gleichungssystems muß auf die Spezialliteratur (z. B. /73,116,119/) verwiesen werden. Hier ist noch hervorzuheben, daß in den oben behandelten Stoffbilanzen keine "Kreuzeffekte" berücksichtigt wurden, durch die eine Überlagerung unterschiedlicher Transportphänomene erfolgt. Dazu gehört insbesondere die Thermodiffusion als molekularer Stofftransport im Temperaturgradienten, die zur Fickschen Diffusion im Konzentrationsgradienten hinzukommt. Dies müßte im Leitungsglied der Gl. (2-7) berücksichtigt werden, was aber die ohnehin sehr aufwendigen Berechnungen stark komplizieren würde.

Eine Abschätzung des Einflusses der Thermodiffusion wird im Abschn. 2.5.2 gegeben. Ebenso wie bei allen anderen nachfolgenden Berechnungen wird dabei auf die Benutzung der Wärme- und Impulsbilanzgleichung von vornherein verzichtet. Stattdessen werden vereinfachte Modellvorstellungen über die Temperatur- und Strömungsverhältnisse verwendet. Zur Behandlung des Stoffüberganges genügt dann eine stationäre Bilanz für den limitierenden Ausgangsstoff, wie sie im Absch. 2.1.1 beschrieben wurde.

2.2 ALLGEMEINE BEHANDLUNG DER REAKTANTENVERARMUNG UND IHRER KOMPENSATION

Das Verarmungsproblem kann bereits ohne detaillierte Aussagen über die Temperatur- und Strömungsverhältnisse sowie über den geschwindigkeitsbegrenzenden Prozeß bei der Ablagerung behandelt werden. Dabei wird der lineare Zusammenhang (1-40) zwischen der Ablagerungsrate und dem senkrecht zur Hauptstromrichtung z gemittelten AX-Partialdruck vorausgesetzt [1], d. h.

$$j_d(z) = k(z)\, P_{AX,m}(z) \quad . \tag{2-13}$$

Wegen der stromabwärts eintretenden Abnahme von $P_{AX,m}$ muß bei ortsfesten Substraten eine entsprechende Zunahme der spezifischen Ablagerungsrate k mit z erreicht werden, so daß j_d und damit die Schichtdicke z-unabhängig wird.

Ein grundsätzlich anderer Weg wird beim RD-Reaktor (s. Abb. 2g und /14/) beschritten, wo sich die z-Richtung zeitlich-periodisch mit der Schwenkbewegung des Gaseinleitungsrohres ändert. Durch die gleichzeitige Rotation der Substrate können diese eine weitgehend ortsunabhängige Schichtdicke erhalten, obwohl j_d hier stark z-abhängig ist und am Scheibenende fast auf Null absinkt. Der Ansatz zur qualitativen Beschreibung der Verarmung in dieser komplizierten Situation /14/, auf dessen Wiedergabe wir verzichten, ist ähnlich wie für den im folgenden behandelten Fall orts-

---

1) Nach Abschn. 1.4 gilt Gl. (1-40) für einseitige Reaktionen über den diffusionsbegrenzten Fall hinaus bis hin zur Reaktionsbegrenzung, wenn die Reaktionsordnung für den (limitierenden) Ausgangsstoff gleich eins ist.

fester Substrate.
Bei einem hinreichend großen, konvektiven Gesamtstrom von $\dot{N}$ Reaktanten- und Trägergasmolekülen pro Zeiteinheit in der z-Richtung ist die gleich gerichtete Diffusion vernachlässigbar. Dann beträgt der mitgeführte AX-Strom (s. Abb. 14) im idealen Gas

$$\bar{J}_z = \dot{N} \frac{P_{AX,m}}{P} . \tag{2-14}$$

Zusammen mit Gl. (2-13) und der Stoffbilanz (2-1) resultiert als Differentialgleichung für $P_{AX,m}(z)$:

$$d \ln P_{AX,m} = - \frac{P}{\dot{N}} \, l \, k \, dz . \tag{2-15}$$

$P/\dot{N}$ kann als z-unabhängig betrachtet werden [1]. Durch Integration ergibt sich die wichtige "Verarmungs-Gleichung":

$$\boxed{P_{AX,m} = P_{AX,i} \exp \left(- \frac{P}{\dot{N}} \int_0^z l \, k \, dz \right) .} \tag{2-16}$$

$P_{AX,i}$ ist der Input-Partialdruck am Reaktoreingang. Plausiblerweise ändert sich $P_{AX,i}/P_{AX,m}$ und damit die Verarmung nach Gl. (2-16) gleichsinnig mit z, k, l und $P/\dot{N}$ als dem Verhältnis von AX-Partialdruck und AX-Strom (s. Gl. (2-14)).

Bei z-unabhängigem $k = k_i$ ergibt sich

$$P_{AX,m} = P_{AX,i} \exp \left(- \frac{P}{\dot{N}} \bar{l} \, k_i \, z \right) \tag{2-17}$$

mit der mittleren Breite der Ablagerungsfläche

$$\bar{l} = \frac{1}{z} \int_0^z l dz . \tag{2-18}$$

[1] $\dot{N}$ ist bei Reaktionen ohne Gasmolzahländerung (Abschn. 1.1.4) konstant und ändert sich auch sonst bei hinreichendem Trägergasüberschuß nur geringfügig mit z, ebenso wie der Totaldruck P.

Das entspricht den punktierten Verläufen in Abb. 15, wobei der

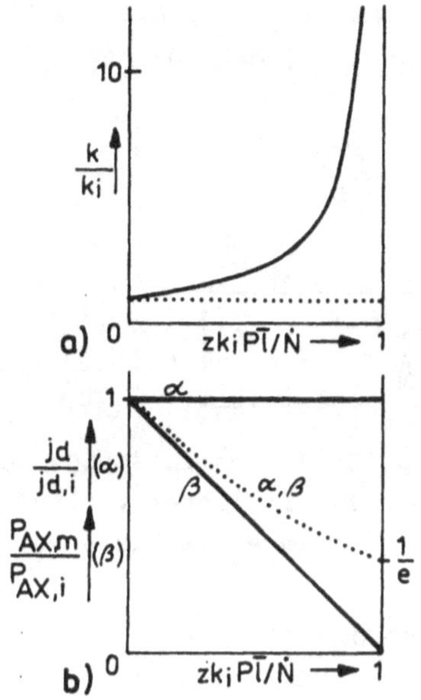

Abb. 15: a) Spezifische Ablagerungsrate k und
b) Ablagerungsrate j_d (α) sowie mittlerer Partialdruck $P_{AX,m}$ (β)
in ihrer Ortsabhängigkeit in der Hauptstromrichtung z. Punktierte Verläufe ohne Kompensation, ausgezogene Verläufe mit Kompensation der Reaktantenverarmung

Verlauf von $j_d/j_{d,i}$ nach Gl. (2-13) mit demjenigen von $P_{AX,m}/P_{AX,i}$ zusammenfällt.

Aus dieser Gleichung ergibt sich mit Gl. (2-16) im allgemeinen Fall:

$$j_d = k\, P_{AX,i} \exp \left(- \frac{P}{\dot{N}} \int_0^z l\, k\, dz\right) \quad . \qquad (2\text{-}19)$$

Der Einfluß von k im Präexponentialfaktor und im Exponenten ist gegenläufig, d. h. eine Vergrößerung von k mit z zur Verarmungskompensation verstärkt zugleich die Verarmung.

Um nun der Forderung nach einheitlicher Schichtdicke auf ortsfesten Substraten zu entsprechen, muß man $dj_d/dz = 0$ setzen. Daraus folgt

$$\frac{dk}{k^2} = \frac{P\,l}{\dot{N}}\,dz \qquad (2\text{-}20)$$

mit der Lösung

$$\boxed{\frac{k}{k_i} = \left(1 - \frac{k_i\,P\,\bar{l}}{\dot{N}}\,z\right)^{-1}} \;. \qquad (2\text{-}21)$$

Diese grundlegende Bedingung für die vollständige Kompensation der Reaktantenverarmung /108/ ist im oberen Verlauf der Abb. 15a dargestellt. Die zugehörigen, linearen Verläufe von j_d und von $P_{AX,m}$ zeigt Abb. 15b.
Die Extrapolation von $P_{AX,m}/P_{AX,i}$ auf

$$z^* = \frac{\dot{N}}{k_i\,P\,l} \qquad (2\text{-}22)$$

die ohne Kompensation 1/e liefert, ergibt mit Kompensation der Verarmung den Wert Null. Dabei geht die spezifische Ablagerungsrate k gegen Unendlich.
Schon weil mit jeder k-Veränderung Unterschiede in den Ablagerungsbedingungen verbunden sind, die innerhalb einer Charge nicht zu groß werden dürfen, muß man mit dem z-Wert am Ende der Ablagerungsfläche (z_A) weit unter dem Betrag z^* bleiben. Die zugehörige Schichtausbeute, bezogen auf den AX-Input (vgl. Gl. (2-14)), ist

$$\varepsilon = \left(\frac{P}{\dot{N}\,P_{AX,i}} \int_0^{z_A} l\,j_d\,dz\right) \cdot 100\% \qquad (2\text{-}23)$$

$$= \left(1 - \frac{p_{AX,m}(z_A)}{p_{AX,i}}\right) \cdot 100\% \qquad (2\text{-}23a)$$ [1)]

$$= \frac{z_A}{z^*} \cdot 100\% \quad , \qquad (2\text{-}23b)$$

wobei der letzte Ausdruck auf eine ortsunabhängige Schichtdicke beschränkt ist. Typische Werte liegen für herkömmliche Chargenreaktoren bei 30 - 40 % /14,80,91,115,120/, entsprechend Ordinatenwerten (ß) von 0,7 - 0,6 in Abb. 15b für den Reaktorausgang. Demgegenüber können im RD-Reaktor wesentlich höhere Ausbeuten erzielt werden (s. Abschn. 3.4).

Variationsmöglichkeiten für die spezifische Ablagerungsrate

Um die von Gl. (2-21) geforderte Änderung von k zu bewirken, kann die Temperatur mit z erhöht werden, was bei Reaktionsbegrenzung die einzige Möglichkeit darstellt. Sie wird im nächsten Abschnitt quantitativ behandelt. Eine gewisse Temperaturzunahme liegt im allgemeinen schon wegen des kalten Zustroms vor und kann durch Zusatzbeheizung verstärkt werden. Damit ist eine Abschwächung der Reaktionsbegrenzung verbunden, der in Abb. 9 eine Verschiebung in horizontaler Richtung aus dem Gebiet II auf die Grenze zum diffusionsbegrenzten Gebiet I hin entspricht. Hiermit ist z. B. bei der Ablagerung von polykristallinem Si eine Zunahme der Korngröße verbunden, die natürlich in Grenzen gehalten werden muß.

Im übrigen ist die Ablager polykristalliner und amorpher Schichten im LPCVD-Reaktor (Abb. 2e) an eine weitgehende Reaktionsbegrenzung gebunden, wodurch die Möglichkeiten zur Tempera-

[1)] Der Ausdruck (2-23a) stellt den AX-Umsatz dar, der gleich der Schichtausbeute ist, wenn keine Homogenkeimbildungsprozesse oder Nebenreaktionen auftreten, was oben vorausgesetzt wurde. Werden durch Nebenreaktionen zusätzlich A-haltige Molekülarten A_nX_p gebildet, so ist zur Berechnung von ε ein "Bilanzdruck" $p_{AX,m} + \sum n\, p_{A_nX_p,m}$ als Maß für den A-Gehalt des Gases anstelle von $p_{AX,m}$ in Gl. (2-23a) einzusetzen (s. Abschn. 3.4).

tursteigerung ebenfalls beschränkt werden.

Arbeitet man von vornherein- wie meist für die Epitaxie - bei überwiegender Diffusionsbegrenzung, so wird diese durch Temperaturerhöhung lediglich noch stärker ausgeprägt. Die Temperaturabhängigkeit des Stoffübergangskoeffizienten und damit der Ablagerungsrate bei $k = k_t$ (Abb. 8) reicht aber nicht aus, um mit einer vertretbaren Temperaturerhöhung die nach Gl. (2-21) geforderte Erhöhung von k zu erzielen.
(Zudem wird, wie im Abschn. 4.1.3 gezeigt wird, mit dem Temperaturverlauf im Reaktor die Dotierungshomogenität beeinflußt).

Man kann hier eine zweite Möglichkeit zur k-Steigerung nutzen, die auf der Verminderung der effektiven Diffusionslänge δ in Gl. (1-15) durch eine Neigung der Substrate gegen den Gasstrom beruht (s. Abb. 2a und 2d). Damit ist eine Abschwächung der (für die Epitaxie günstigen) Diffusionsbegrenzung verbunden. In Abb. 9 entspricht dem eine Verschiebung aus dem Gebiet I in Richtung auf das reaktionsbegrenzte Gebiet II. Im übrigen wird durch eine Substratneigung die Länge der Ablagerungsfläche, die bei z'' (s. Gl. (2-22)) die gegenüberliegende Reaktorwand berühren würde, auf kleinere Werte begrenzt. Daher ist auch durch diese Maßnahme nur eine beschränkte Verarmungskompensation möglich /14/.

2.3 ABLAGERUNG BEI REAKTIONSBEGRENZUNG

2.3.1 Atmosphärendruck-Ablagerung

Bei Reaktionsbegrenzung wird die Behandlung des Verarmungsproblems dadurch vereinfacht, daß keine Konzentrationsgradienten senkrecht zur Substratoberfläche auftreten, solange die Thermodiffusion vernachlässigbar bleibt (s. Abschn. 2.5). Dann kann auch hier noch auf die nähere Betrachtung der Temperatur- und Strömungsverhältnisse im Gasraum verzichtet werden.

Ablagerung ohne Kompensation der Verarmung

Eine besonders übersichtliche Situation liegt in dem von Eversteyn /80/ zur polykristallinen Si-Ablagerung verwendeten Heißwandreaktor vor, in dem die Verarmung unkompensiert bleibt. Die Substratscheiben befinden sich auf dem horizontalen Träger in einem Rechteckrohr, wobei Temperaturgradienten durch die Verwendung von Wärmetransportröhren ("heat pipes") weitgehend ausgeschaltet werden. Dann kann $k = k_H$ in der horizontalen Strömungsrichtung z als konstant betrachtet werden, und es gilt mit Gl. (2-13) und (2-17):

$$j_d = k_{H,i} \, P_{AX,i} \, \exp\left(- \frac{P}{\dot{N}} \, \bar{l} \, k_{H,i} \, z\right) \quad . \qquad (2\text{-}24)$$

Da die Ablagerung auch auf der heißen Reaktorwand erfolgt, ist für $\bar{l}$ (= l) der Umfang des freien Reaktorquerschnitts einzusetzen.

Es ergibt sich ein exponentielles Profil für die Schichtdicke L, entsprechend dem punktierten Verlauf in Abb. 15b für

$$j_d / j_{d,i} = L / L_i \quad .$$

Als Maß für die relative Schichtdickeninhomogenität dient üblicherweise die durch die Maximal- und Minimalwerte von L gegebene Schichtdickenvariation

$$\Delta L_{rel} = \pm \frac{1}{2} \cdot \frac{L_{max} - L_{min}}{L_{max} + L_{min}} \cdot 100\% \quad . \qquad (2\text{-}25)$$

die in Chargenreaktoren der entsprechenden Variation der Wachstumsrate gleich ist. Im vorliegenden Fall ist dies zugleich die Variation von $P_{AX,m}$:

$$\Delta L_{rel} = \pm \frac{1}{2} \cdot \frac{P_{AX,i} - P_{AX,m}(z_A)}{P_{AX,i} + P_{AX,m}(z_A)} \cdot 100\% \quad . \qquad (2\text{-}25a)$$

Mit Gl. (2-23) ergibt sich für nicht zu große Schichtausbeuten:

$$\Delta L_{rel} \approx \pm \frac{\varepsilon}{2} \quad . \qquad (2\text{-}26)$$

Begnügt man sich mit einer Ausbeute ε unter 10%, so kann ΔL_{rel} bei $\pm$ 5% gehalten werden, was eine gängige Forderung darstellt. Nach Gl. (2-24) ist dabei eine Vergrößerung der Ablagerungsfläche $l \cdot z_A$ und damit der Charge möglich, wenn der Gesamtstrom N erhöht wird, womit aber der Reaktions- und Trägergasverbrauch entsprechend ansteigt.

Ablagerung mit Kompensation der Verarmung

Eine erhebliche Einsparung an Reaktionsgas gegenüber dem isothermen Fall ist durch die örtliche Veränderung von $k = k_H$ nach Gl. (2-21) möglich. Diese liefert mit der Arrheniusgleichung (1-19) als zugehörigen Verlauf der Substrattemperatur:

$$\frac{T_s}{T_{s,i}} = \left(1 + \frac{k_B\, T_{s,i}}{a_H} \ln\left(1 - \frac{k_{H,i}\, P\, \bar{l}}{\dot{N}} z\right)\right)^{-1} \qquad (2\text{-}27)$$

$$\approx \left(1 - \frac{k_B\, T_{s,i}\, k_{H,i}\, P\, l}{a_H\, \dot{N}} z\right)^{-1} \quad . \qquad (2\text{-}27a)$$

In der Näherung (2-27a), die für nicht zu große z-Werte gültig ist, ergibt sich ein gleichartiger Funktionalzusammenhang für $T_s(z)$ wie für $k_H(z)$ nach Gl. (2-21). Aus beiden Gleichungen folgt zusammen mit Gl. (2-23):

$$\frac{T_s(z_A) - T_{s,i}}{T_s(z_A)} \cdot 100\% \approx \frac{k_B\, T_{s,i}}{a_H} \cdot \varepsilon \quad . \qquad (2\text{-}28)$$

Beispielsweise ergibt sich für die polykristalline Si-Ablagerung mit der Aktivierungsenthalpie aus /80/ der Wert $k_B\, T_s/a_H = 0{,}06$ bei 1000 K. Mit einer Temperaturzunahme um 10 K, d. h. um 1%, ist daher bei ortsunabhängiger Schichtdicke nach Gl. (2-28) die Ausbeute $\varepsilon \approx 16\%$ verbunden. Sie läßt sich durch Zulassung einer gewissen Schichtdickenvariation und durch verstärkte Temperaturgradienten weiter steigern.
Das geforderte Temperaturprofil ist bei den Kaltwandreaktoren, die meist verwendet werden, um Wandablagerungen zu vermeiden,

durch Abstandsvariation der Induktionswindungen realisierbar. Dabei ist die Trägheit bei der Aufheizung des Gasstroms zu berücksichtigen.

Wenn die Reaktionsbegrenzung nicht stark überwiegt, kann außerdem durch ortsveränderliche Stoffübergangskoeffizienten k_t zur Änderung der spezifischen Ablagerungsraten k beigetragen werden. Auch für polykristalline und amorphe Ablagerungen können dazu die bei der Epitaxie gebräuchlichen Reaktoren und Maßnahmen dienen (s. Abb. 2a und 2d sowie Abschn. 2.4 und 2.5). Diese Möglichkeit entfällt jedoch, wenn von der herkömmlichen Scheibenanordnung abgegangen wird zugunsten einer dichteren Packung (Abb. 2e), die die Anwendung von Unterdruck voraussetzt.

2.3.2 Ablagerung bei Unterdruck (LPCVD) (x)

Ohne auf die älteren, z. B. in /17/ diskutierten Unterdruck-Ablagerungen von Isolatorschichten einzugehen, werden hier die industriell realisierten LPCVD-Prozesse /17,21,22,121/ mit der aus Diffusions- und Oxydationsöfen übernommenen, frei stehenden Anordnung paralleler Scheiben (Abb. 2e und 16) behandelt [1].

Diese Anordnung wird durch die starke Vergrößerung des Diffusionskoeffizienten ermöglicht, der nach Gl. (1-12) umgekehrt proportional zum Druck ist und bei den angewendeten Drücken von ca. 10^2 Pa um 3 Größenordnungen höher liegt als bei Atmosphärendruck. Damit verbunden ist

- eine überwiegende Reaktionsbegrenzung (Abschn. 1.4.1) sowie
- eine verstärkte Diffusion auch parallel zur Oberfläche in den Scheibenzwischenräumen (Abb. 16).

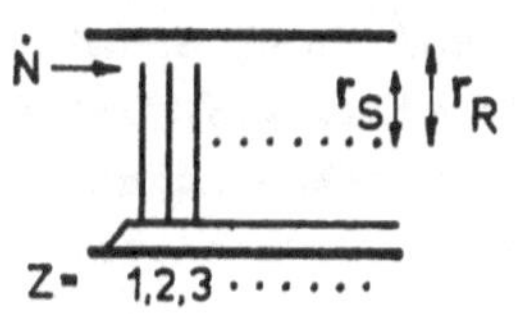

Abb. 16 Anordnung der Substratscheiben (bzw. der Scheibenpaare für nur einseitige Beschichtung) mit der laufenden Nr. Z und dem Radius r_S in einem Reaktorrohr des Radius r_R für die chemische Dampfablagerung unterhalb Atmosphärendruck (LPCVD)

[1] Zur Anwendung von Unterdruck bei der Epitaxie s. Abschn. 2.4.2 sowie Kap. 4

Dadurch tritt in jedem Zwischenraum ein annähernd orteunabhängiger Reaktantenpartialdruck ($P_{AX,m} = P_{AX,s}$) auf. Durch äußere Widerstandheizung wird hier auch die Temperatur und damit k_H weitgehend einheitlich, so daß eine sehr gleichmäßige Beschichtung jeder Scheibe erfolgt. Beispielsweise wird in /21/ die Schichtdickenvariation (auf der Einzelscheibe) $\Delta L_{rel} = \pm 1$ bis 3% gegenüber $\pm$ 4 bis 8% bei Atmosphärendruck-CVD im Kaltwandreaktor angegeben.

Mit zunehmendem Scheibenabstand nimmt die Schichtdickenvariation auf der Scheibe ab und die Ablagerungsrate zu /21/, was auf Resteinflüsse der Gasphasendiffusion hinweist. Wie aus Abschn. 2.4 hervorgehen wird, ist die quantitative Erfassung solcher Einflüsse sehr schwierig. Sie bleiben im folgenden unberücksichtigt /108/. - Es wird wieder ein einseitiger Reaktionsverlauf 1. Ordnung vorausgesetzt, was für die Si-Ablagerung aus SiH_4 eine gute Näherung ist.

Zum Verarmungsproblem

Die im Hauptstrom (entlang der zylindrischen Reaktorwand) eintretende Reaktantenverarmung kann in Analogie zum Abschnitt 2.2 behandelt werden. Bei einem Scheibenradius r_S wird diesem Strom je Scheibe die zweiseitige Ablagerungsfläche $2\pi r_S^2$ angeboten. Zur Berücksichtigung der Ablagerung an der Reaktorwand und an derSScheibenhalterung kann r_S durch einen etwas größeren Wert $\hat{r}_S$ ersetzt werden [1].

Die laufende Nr. Z der Scheiben (bzw. der Scheibenpaare bei nur einseitiger Beschichtung, s. Abb. 16) kann als quasikontinuierliche Variable betrachtet werden. Dabei tritt in den Gleichungen des Abschnitts 2.2 die differentielle Ablagerungsfläche

---

[1] Bei einem inneren Rohrradius r_R (Abb. 16) und einer Scheiben mittendistanz d_S, die üblicherweise einige Millimeter beträgt, liefert die Wandablagerung $2\pi r_R d_S$ als hauptsächlichen Zusatzbeitrag zur Scheiben-Ablagerungsfläche. - Vergleichswerte zwischen der auf die Scheiben und der auf die Gesamtfläche bezogenen Schichtausbeute (ε aus Gl. (2-23)) sind in /17/ angegeben. Sie stehen zueinander im Verhältnis $r_S^2/\hat{r}_S^2$, für das sich beispielsweise bei der polykristallinen Si-Ablagerung auf Scheiben mit r_S = 38 mm ca. 0,7 ergibt. Mit zunehmendem Scheibendurchmesser wird dieses Verhältnis günstiger.

$$2\pi \hat{r}_S^2 \, dZ \qquad \text{an die Stelle von } l \cdot dz$$

und folglich die integrale Ablagerungsfläche

$$2\pi \hat{r}_S^2 \, Z \qquad \text{an die Stelle von } \bar{l} \cdot z.$$

Bei Z-unabhängiger Temperatur enthält also der für die Verarmung maßgebende Exponentialterm in den Gl. (2-17) und (2-24) den Wert

$$\exp\left(-\frac{P}{\dot{N}} 2\pi \hat{r}_S^2 k_i Z\right) \quad . \tag{2-29}$$

Bei den ersten, 1973 veröffentlichten LPCVD-Untersuchungen mit stehender Scheibenanordnung /122/ wurde mit ähnlichem Input-Molenbruch $x_{AX,i}$ wie bei den Atmosphärendruck-Verfahren gearbeitet. Daher wurde mit dem Totaldruck P nicht nur die Verarmung, sondern auch der Reaktantenpartialdruck

$$p_{AX,i} = x_{AX,i} \; P \tag{2-30}$$

und somit die Ablagerungsrate stark erniedrigt. Die Chargen lagen bei ca. 50 Scheiben.

Demgegenüber wird bei den industriellen LPCVD-Prozessen mit 100 bis 200 Scheiben pro Charge gearbeitet und der Molenbruch so stark erhöht, daß Reaktantenpartialdruck und Ablagerungsrate ähnliche Werte wie bei den Atmosphärendruck-Verfahren erhalten. Damit ist eine weitgehende und im Extremfall (bei $x_{AX,i} = 1$ /21,121/) sogar vollständige Einsparung von Trägergas verbunden. Andererseits wirkt sich die zugehörige Verringerung des Gesamtstroms $\dot{N}$ verstärkend auf die Verarmung aus [1], die bei den großen Chargen ein erhebliches Ausmaß annimmt.

Daher wird die Kompensation durch einen Temperaturgradienten entscheidend für den Erfolg. Als optimales Temperaturprofil ergibt sich im Rahmen unserer Modellrechnung für Reaktionen 1. Ordnung (bezüglich des limitierenden Reaktanten) aus der Gl. (2-27):

$$\frac{T_s}{T_{s,i}} = \left(1 + \frac{k_B\, T_{s,i}}{a_H} \ln\left(1 - \frac{2\pi \hat{r}_S^2\, k_{H,i}\, P}{\dot{N}}\, z\right)\right)^{-1} .$$

(2-31)

Bei den derzeitigen Anforderungen an die Schichtdickenhomogenität genügt die Aufteilung der Reaktorlänge in drei Heizzonen, die mit getrennt angesteuerten Widerstandswicklungen versehen sind /17,21,121/. Damit kann innerhalb der Charge eine Schichtdickenvariation $\Delta L_{rel} = \pm 2$ bis 5%, gegenüber $\pm$ 6 bis 12% bei Atmosphärendruck im Kaltwandreaktor mit wesentlich kleineren Chargen, erreicht werden.

Die erforderlichen Zusatzheizleistungen werden anhand der Temperaturabhängigkeit der Ablagerungsrate auf der Grundlage von Experimenten mit gleichmäßiger Beheizung ermittelt. Bedingt durch den kälteren Zustrom, nimmt j_d dabei vom Reaktoreingang aus unter Umständen zunächst zu, so daß ein Maximum durchlaufen wird, ehe sich die Verarmung in einer j_d-Abnahme bemerkbar macht. Dann ist sowohl am vorderen als auch am hinteren Teil des Reaktors eine Zusatzheizung erforderlich.

Zur Ablagerung von Si, Si_3N_4 und SiO_2

Ohne auf Einzelheiten bei der empirischen Optimierung /17,21,121/ einzugehen, sollen noch einige materialspezifischen Aspekte genannt werden.

Bei der Ablagerung von polykristallinem Si kann die Ausbeute ε auf 50% gesteigert werden, wenn von unverdünntem SiH_4 ausgegan-

[1] Dieser Effekt kann durch die Diffusion in der Hauptstromrichtung, die in Gl. (2-29) nicht berücksichtigt ist, vermindert werden. Wegen der Verringerung von $\dot{N}$ liegen die linearen Strömungsgeschwindigkeiten gegenüber Atmosphärendruck-Bedingungen nur um 1 bis 2 und nicht, wie die Diffusionskoeffizienten, um 3 Größenordnungen höher /17/. Dadurch kann die Diffusionsgeschwindigkeit in der Hauptstromrichtung mit der Konvektionsgeschwindigkeit vergleichbar werden und ausgleichend auf die Konzentration wirken. - Eine exakte Behandlung der LPCVD müßte weiterhin die Änderung von $\dot{N}$ bei Reaktionen mit Molzahländerungen berücksichtigen, die bei den Atmosphärendruckverfahren wegen des Trägergasüberschusses vernachlässigbar ist (vgl. Abschn. 1.1.4).

gen wird /17,21/. Dabei nimmt allerdings die Empfindlichkeit der Schichtdickenvariation gegenüber dem Stoffdurchsatz und der Temperaturverteilung zu /21/.
Ähnliche Schichtausbeuten sind bei der Si_3N_4-Ablagerung aus SiH_2Cl_2 und NH_3 erreichbar /17/. Das Dichlorsilan ist hier gegenüber dem Silan vorzuziehen, mit dem - offenbar infolge unzureichender Reaktionsbegrenzung - größere Schichtdickenvariationen auftreten /17,21/. Auch für die SiO_2-Ablagerung bei ca. 900°C mit N_2O als Oxydationsmittel wird SiH_2Cl_2 eingesetzt, während bei 400 ... 500°C von O_2 und SiH_4 ausgegangen wird. Zur Verbesserung der Schichtdickenhomogenität werden besondere konstruktive Maßnahmen angewandt /21/.

Die Unterdruck-CVD bringt vor allem für die Ablagerung von polykristallinem Si und von Si_3N_4 erhebliche ökonomische Vorteile. Die Beschichtungskosten pro Scheiben liegen um eine halbe bis eine Größenordnung niedriger als bei den herkömmlichen Atmosphärendruckverfahren /17,21/.

2.4 ABLAGERUNG IN VERTIKALREAKTOREN

Obwohl die Diffusionsbegrenzung für den Epitaxieprozeß, der nun im Vordergrund stehen soll, eine weniger gute Näherung darstellt als die Reaktionsbegrenzung für die Unterdruck-Ablagerung polykristalliner und amorpher Schichten, wird sie beim Stoffübergang im Epitaxiereaktor meist vorausgesetzt. Zur theoretischen Behandlung stützen wir uns vor allem auf die Modelle von Rundle /120/ sowie von Manke und Donaghey /115/ [1]. Anschließend werden im Abschnitt 2.4.3 Anwendungen der Grenzschichttheorie /123/ diskutiert.

Es werden laminare Strömungsverhältnisse vorausgestzt und thermische Auftriebskräfte vernachlässigt. Nach /115,124/ ist dies

[1] Diese Modelle wurden für die Si-Chloridprozesse und damit für zweiseitige Reaktionen konzipiert, deren Besonderheiten erst im Kap. 3 behandelt werden. Bei Annahme gleicher Diffusionskoeffizienten und rein heterogener Reaktionsabläufe wird dabei die diffusionsbegrenzte Ablagerungsrate gegenüber dem einseitigen Fall lediglich durch einen thermodynamischen Ausbeutefaktor modifiziert /115/.

für vertikal durchströmte Heiß- und Kaltwandreaktoren eine gute Näherung [1]. Demgegenüber werden für den horizontalen Kaltwandreaktor, auf den Rundle /120/ seine Ergebnisse ursprünglich anzuwenden versuchte, heute andere Modellvorstellungen bevorzugt (Abschn. 2.5). Seine für einen Rechteckreaktor erhaltenen Ergebnisse werden im folgenden so aufbereitet, daß damit die Verarmungskompensation und die Verhältnisse im Pyramidenreaktor diskutiert werden können /108/.

2.4.1 Ein einfaches Modell zur Berechnung des Stoffüberganges

Wir machen mit /120/ die einfachstmöglichen Annahmen über die Temperatur- und Strömungsverhältnisse im Rechteckreaktor:

- ortsunabhängige, d. h. aus den realen Werten gemittelte Temperatur T und
- laminare Strömung mit ortsunabhängiger, d. h. gemittelter Geschwindigkeit $\bar{U}$ in z-Richtung (vgl. Abb. 14).

Die Bilanzgleichung (2-6) für einen (gegebenenfalls limitierenden) Ausgangsstoff AX im Gasraum lautet damit:

$$D \frac{\partial^2 p_{AX}}{\partial y^2} - \bar{U} \frac{\partial p_{AX}}{\partial z} = 0 \quad . \qquad (2\text{-}32)$$

Der y-unabhängige Input-Partialdruck ist

$$p_{AX} = p_{AX,i} \quad \text{bei} \quad 0 \leq y \leq h \quad \text{und} \quad z = 0 \quad . \qquad (2\text{-}33a)$$

Für Diffusionsbegrenzung gilt

$$p_{AX} = 0 \quad \text{bei} \quad y = 0 \quad \text{und} \quad z > 0 \quad . \qquad (2\text{-}33b)$$

Ohne Wandablagerung (Kaltwandreaktor) ist an der Reaktorwand, wo kein AX verbraucht wird,

[1] Jedoch wurden bei Modellmessungen im vertikalen Kaltwandreaktor unter CVD-ähnlichen Bedingungen konvektive Instabilitäten beobachtet /125/, ohne daß die Ursachen im einzelnen geklärt werden konnten.

$$\frac{\partial p_{AX}}{\partial y} = 0 \quad \text{bei} \quad y = h \quad \text{und} \quad z \geq 0 \quad . \tag{2-33c}$$

Dies sind drei Randbedingungen für die Lösung der Gl. (2-32). In Analogie zu einem in /126/ behandelten Wärmetransportproblem ergibt sich [1]

$$p_{AX} = \frac{4}{\pi} p_{AX,i} \sum_{n=0}^{\infty} \frac{1}{2n+1} \sin \frac{(2n+1)\pi y}{2h} \exp\left(- \frac{\pi^2 D (2n+1)^2}{4 \bar{U} h^2} z\right). \tag{2-34}$$

Die y-Abhängigkeit von p_{AX} ist in Abb. 17 dargestellt. Bei nicht zu kleinen Werten des Parameters $\frac{D}{\bar{U} h^2} z$ genügt die Berücksichtigung des 1. Gliedes der Reihe, so daß der Partialdruck nach einer Sinusfunktion zunimmt:

$$p_{AX} = \frac{4}{\pi} p_{AX,i} \sin \frac{\pi y}{2h} \exp\left(- \frac{\pi^2 D}{4 \bar{U} h^2} z\right) . \tag{2-35}$$

Nach Abschätzungen, die im Abschn. 2.4.3 gegeben werden, kann Gl. (2-35) für

$$z \geq z_E \approx \frac{\bar{U} h^2}{D} \cdot 10^{-1} \tag{2-36}$$

als gültig angesehen werden. Die sog. Einlauflänge z_E beträgt unter den bei CVD-Prozessen üblichen Bedingungen einige Zentimeter bis einige Dezimeter, kann also in die Größenordnung der Reaktorlänge kommen. Ein weiterer und durch das Rundle-Modell nicht erfaßter, thermischer Einlaufeffekt mit ähnlicher Einlauflänge ist durch die Trägheit bei der Aufheizung des Gasstroms bedingt. Im übrigen berücksichtigt dieses Modell nicht die reaktionskinetischen Einflüsse, die in jedem Falle bei sehr kleinen z-Werten die Ablagerungsrate begrenzen, so daß im Unterschied zu Gl.(2-33b)

---

[1] Bei Mitberücksichtigung der Diffusion in z-Richtung, die mit Gl. (2-32) von vornherein vernachlässigt wurde, resultiert ein allgemeinerer Ausdruck /120/, aus dem die Gl. (2-34) für
$\bar{U} h \gg D\pi$
hervorgeht. Diese Voraussetzung für die Vernachlässigbarkeit der Diffusion in Strömungsrichtung ist zumindest unter Atmosphärendruck CVD-Bedingungen stets erfüllt.

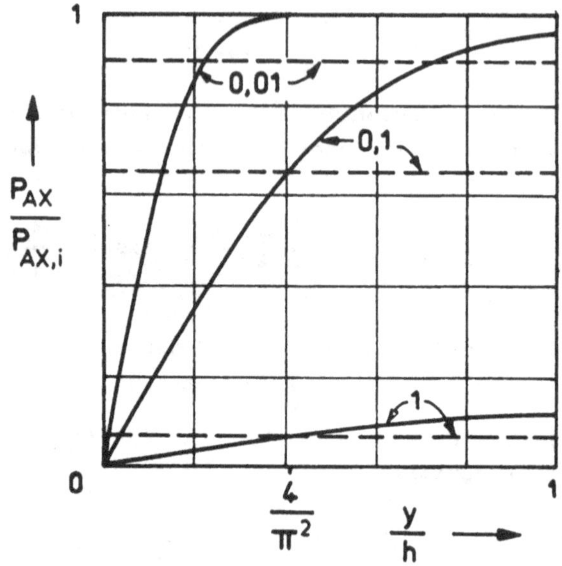

Abb. 17: Partialdruck P_{AX} (bezogen auf den Input-Wert $P_{AX,i}$) in Abhängigkeit von der Ortskoordinate y senkrecht zur Substratoberfläche (bezogen auf den Abstand h der gegenüberliegenden Wand im Kaltwandreaktor). Der eingetragene Parameter ist $z\ D/(\bar{U}\ h^2)$. Die zugehörigen Mittelwerte $P_{AX,m}/P_{AX,i}$ sind gestrichelt.

$P_{AX,s} \approx P_{AX,i} > 0$ wird.

Rundle /120/ eleminierte diese Einlaufeffekte bis zu einem gewissen Grad empirisch mit Hilfe eines vor dem Substratträger angeordneten Vorheizblocks, dessen Beschichtung durch Wägen bestimmt und durch eine Korrektur des Input-Partialdrucks $P_{AX,i}$ berücksichtigt wurde.

Oberhalb der Einlauflänge kann mit dem aus Gl. (2-35) resultierenden y-Mittel des Partialdrucks

$$P_{AX,m} = \frac{1}{h} \int_0^h P_{AX}\, dy = \frac{8}{\pi^2} P_{AX,i} \exp\left(- \frac{\pi^2 D}{4\ \bar{U}\ h^2} z\right) \quad (2\text{-}37)$$

gearbeitet werden. Extrapoliert man diese Gleichung ohne Rücksicht auf die Einlaufeffekte bis z = 0, so folgt

$$P_{AX,m}(0) = \frac{8}{\pi^2} P_{AX,i} = 0{,}81\, P_{AX,i} \quad . \tag{2-38}$$

Für die Ablagerungsstromdichte ergibt sich oberhalb der Einlauflänge:

$$j_d = \frac{D}{k_B T} \left(\frac{\partial P_{AX}}{\partial y} \right)_s = \frac{\pi^2}{4} \frac{D}{h k_B T} P_{AX,m} \quad . \tag{2-39}$$

Der Vergleich mit Gl. (1-40a) und (1-15) liefert den Stoffübergangskoeffizienten

$$k_t = \frac{\pi^2}{4} \cdot \frac{D}{h k_B T} \tag{2-40}$$

und die effektive Diffusionslänge (vgl. Abb. 17)

$$\boxed{\delta = \frac{4}{\pi^2} h = 0{,}41\, h} \quad , \tag{2-41}$$

die hier also allein von der Reaktordimension h abhängt.
Das entspricht nach Gl. (1-15a) der mit h als charakteristischer Länge [1] gebildeten Sherwood-Zahl $Sh_h = h/\delta = \pi^2/4 = 2{,}5$.

Mit Gl. (2-40) kann der Anschluß an die allgemeinen Verarmungsbetrachtungen des Abschnitts 2.2 hergestellt werden. Durch den Rechteckreaktor mit dem freien Querschnitt $\bar{l}h$ [2] strömt das ideale Gasvolumen pro Zeiteinheit

$$\boxed{\dot{V} = \bar{l}\, h\, \bar{U} = \frac{\dot{N} k_B T}{p}} \quad . \tag{2-42}$$

Aus der für z-unabhängiges h gültigen Gleichung (2-37) wird also

1) Oft wird bei derartigen Rohrströmungen der sog. hydraulische Durchmesser verwendet, der bei quadratischem Rohrquerschnitt mit h zusammenfallen würde (s. Abschn. 2.4.3 zu Gl. (2-57)).

2) Dabei ist die Seitenlänge $\bar{l}$ praktisch gleich der Breite des Heizers (a in Abschn. 2.1.1) als Ablagerungsfläche im Kaltwandreaktor.

$$p_{AX,m} = p_{AX,m}(0)\ \exp\left(-\frac{P}{\dot{N}}\ \bar{l}\ k_{t,i}\ z\right) \quad . \qquad (2\text{-}43)$$

Dies ist ein Sonderfall der "Verarmungsgleichung" (2-17) für z-unabhängiges $k_t = k$. Wegen der Nichtberücksichtigung von Einlaufeffekten tritt $p_{AX,m}(0)$ an die Stelle von $p_{AX,i}$, was auch für Abb. 15 gilt.
Wird die Einlauflänge unterschritten, so sinkt δ unter den durch Gl. (2-41) gegebenen Wert ab und geht mit z gegen Null (s. Abb. 17 sowie Abschn. 2.4.3). Wie bereits erwähnt, erfolgt dabei unter Verletzung der Randbedingung (2-33b) der Übergang zur Reaktionsbegrenzung.

Liegt auch bei großen z-Werten der reaktionsbegrenzte Fall vor (Abschn. 2.3), so ist der reale Input-Partialdruck $p_{AX,i} = p_{AX,m}(0)$, im Unterschied zu Gl. (2-38). In Verallgemeinerung dieser Gleichung wurde in /108/ ein einfacher Ansatz für den Faktor $f = p_{AX,m}(0)/p_{AX,i}$ angegeben, der den kontinuierlichen Übergang zwischen Diffusions- und Reaktionsbegrenzung mit $f = 8/\pi^2$ bzw. $f = 1$ ermöglicht. Eine exakte Behandlung wird jedoch durch die Ortsabhängigkeit des Oberflächenpartialdrucks sehr erschwert.
- Im folgenden setzen wir wieder Diffusionsbegrenzung voraus.

2.4.2 Verarmungskompensation in vertikalen Epitaxiereaktoren

Die effektive Diffusionslänge kann durch Variation des Abstands zwischen Substrat und gegenüberliegender Reaktorwand geändert werden. Dazu wird der Substratträger um einen kleinen Winkel gegen die axiale Richtung des Reaktorrohrs geneigt angeordnet (vgl. Abb. 18). Dann gilt aufgrund der direkten Proportionalität zwischen δ und h oberhalb der Einlauflänge nach Gl. (2-40) näherungsweise:

$$\delta = \left(h_i - z\ \tan\varphi\right)\frac{4}{\pi^2} \quad . \qquad (2\text{-}44)$$

Mit Gl. (2-41) folgt für z-unabhängige Temperatur:

$$\frac{k_t}{k_{t,i}} = \left(1 - \frac{z}{h_i} \tan\varphi\right)^{-1} . \qquad (2\text{-}45)$$

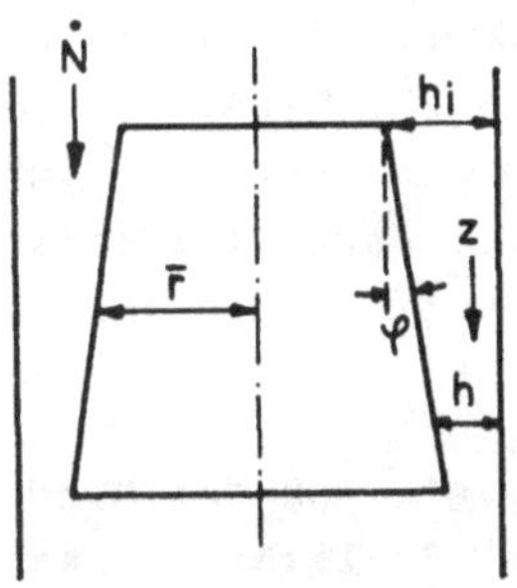

Abb. 18: Schnitt durch einen Vertikalreaktor mit kegelstumpf-förmigem Substratträger (als Ersatzanordnung für Pyramidenreaktoren). Der Neigungswinkel φ ist übertrieben gezeichnet und beträgt üblicherweise ca. 3 Grad.

Das ist gerade derjenige Funktionstyp, der nach Gl. (2-21) für $k_t(z)$ zur Kompensation der Verarmung zu fordern ist. In dieser Gleichung ist wegen der Substratneigung als Ablagerungsfläche $\bar{l}z/\cos\varphi$ anstelle von $\bar{l}$ z einzusetzen. Dann liefert der Vergleich mit Gl. (2-45) für die Berechnung von φ ohne Berücksichtigung von Einlaufeffekten:

$$\sin\varphi = \frac{h_i \; k_{t,i} \; P \; \bar{l}}{\dot{N}} = \frac{\pi^2 \; D \; \bar{l}}{4 \; \dot{V}} . \qquad (2\text{-}46)$$

Durch Vergrößerung des Neigungswinkels φ wird also eine Verminderung des Gasdurchsatzes ($\dot{N}$ bzw. $\dot{V}$) ermöglicht. Wegen der im Abschnitt 2.2 erörterten Gesichtspunkte bleibt φ jedoch auf wenige Grade beschränkt. Dann ergibt sich mit $\sin\varphi \approx \tan\varphi = h_i/z^*$ aus Gl. (2-46) wieder die Gl. (2-22) für z^* als obere Schranke der Reaktorlänge. Diese kann bei gegebenem Winkel φ mit dem Wandabstand h_i vergrößert werden, was jedoch die Ablagerungsrate vermindert.

Der Pyramidenreaktor

Gleichung (2-46) läßt sich auf den industriell verwendeten Pyramidenreaktor (Abb. 2a) übertragen. Wenn keine Wandablagerung auftritt, so ist für $\bar{l}$ näherungsweise der in z-Richtung gemittelte Umfang des Pyramidenstumpfs und für h_i der über den Umfang bei

$z = 0$ gemittelte Wandabstand einzusetzen [1].

Eine Ersatzanordnung mit einem kegelstumpfförmigen Substratträger des mittleren Umfangs $2\pi\bar{r} = \bar{l}$ und mit h_i als Wandabstand bei $z = 0$ ist in Abb. 18 gezeigt. Für diese Anordnung [2] liegen umfangreiche Berechnungen von Manke und Donaghey /115/ auf der Basis von Stoff-, Wärme- und Impulsbilanzgleichungen vor. Sie führen auf (nicht explizit angegebene) Stoffübergangskoeffizienten, die mit einem der Gl. (2-19) entsprechenden Ausdruck die Ablagerungsrate liefern.

Die Gegenüberstellung mit älteren Modellen zeigt, daß das Rundle-Modell den neuen Berechnungsergebnisse und der Realität am nächsten kommt. Eine wesentliche Weiterentwicklung liegt darin, daß die stromabwärts eintretende Zunahme der (in radialer Richtung gemittelten) Temperatur berücksichtigt und damit ein "developing temperature model" benutzt wird. Der Temperatureinfluß auf die radiale Diffusion wirkt der Verarmung und der am Reaktoranfang besonders starken Zunahme von δ/h mit z entgegen. Dadurch wird die z-Abhängigkeit der Ablagerungsrate beim Neigungswinkel $\varphi = 0$ vermindert [3].

Von den Autoren /115/ wurde für die Si-Ablagerung aus $SiCl_4$ und H_2 bei einer Ausbeute $\varepsilon = 35{,}5$ % und einem Neigungswinkel $\varphi = 3{,}58^{\circ}$

---

1) Beim Heißwand-Pyramidenreaktor (Abschn. 0.1) kommt im Falle gleich starker Wand- und Substratablagerung für $\bar{l}$ der innere Umfang des Wandrohrs hinzu, und zur Berechnung von $k_{t,i}$ ist in Gl.(2-40) h durch $h_i/2$ zu ersetzen (vgl. Abschn. 1.2 zu Abb. 4 sowie /126/). In Gl.(2-46) tritt damit an die Stelle der rechten Seite $\pi^2 D\,\bar{l}/(2\,\dot{V})$, so daß $\sin\varphi$ bei gleichem $D/\dot{V}$ auf mehr als das Vierfache zu vergrößern ist.

2) Der Einsatz des polygonalen durch einen kreisförmigen Substratträgerquerschnitt hat für die Aussagen über die Schichtdickenvariation in der Strömungsrichtung z praktisch keine Auswirkungen. Senkrecht dazu wird die Schichtdickenhomogenität auf den Scheiben mit wachsendem Wandabstand h_i besser, weil dabei die relative Änderung der effektiven Diffusionslänge abnimmt. Zugleich wird allerdings die Ablagerungsrate kleiner. - Durch eine Rotationsbewegung des Substratträgers, die häufig angewendet wird, kann die Homogenität ebenfalls verbessert werden.

unter optimalen Bedingungen die Schichtdickenvariation $\Delta L_{rel} = \pm 2{,}4\%$ berechnet und experimentell bestätigt. (Dabei waren die ersten 5 cm des insgesamt 40 cm langen Substratträgers nicht mit Scheiben belegt).

Unsere Näherungsbedingung (2-46) für verschwindende Schichtdickenvariation liefert nahezu den gleichen Winkel $\varphi = 3{,}5^{\circ}$, wenn als mittlere Gastemperatur der Wert T = 1088 K verwendet wird, der sich nach /115/ bei hohen z-Werten einstellt [1]. Der vorherige Temperaturanstieg wird also durch die Zunahme von δ/h mit z in seiner Auswirkung auf die Schichtdicke weitgehend kompensiert.

Diese beiden Einlaufeffekte kommen im allgemeinen als Ursachen für die Schichtdickenvariation zu der in Gl. (2-46) allein berücksichtigten Verarmung hinzu. Ihre gegenseitige Kompensation kann durch eine z-abhängige Heizleistung beeinflußt werden. Diese wird jedoch primär zur Steuerung der Dotierungshomogenität benutzt (Abschn. 4.1.3), wobei nachteilige Auswirkungen auf die Schichtdickenhomogenität so weit als möglich durch eine φ-Änderung abzufangen sind.

Zum Druckeinfluß

Wie bereits in den Abschnitten 0.1, 1.1.5 und 1.4.1 erwähnt wurde, sind bei der Epitaxie durch eine Druckminderung um ca. eine Grös-

3) Für eine extreme Steigerung der Strömungsgeschwindigkeit, durch die die Eintrittslänge die Reaktorlänge weit überschreitet, wird als weiterer Effekt eine Wiederabnahme der mittleren Ablagerungsrate vorhergesagt, die zuvor wegen der Verminderung der Verarmung ansteigt. Die Abnahme ist eine Folge des Absinkens des Diffusionskoeffizienten mit der mittleren Gastemperatur. Sie ist nicht mit reaktionskinetischen Einflüssen zu erklären, wie das für einschlägige experimentelle Befunde von Fujii /124/ versucht wurde. Solche Einflüsse würden bei konstanter Temperatur lediglich zu einer Sättigung der mittleren Ablagerungsrate führen /96,127/.

1) Eigentlich darf dieser Wert nur oberhalb der Einlauflänge z_E benutzt werden, die nach Abschn. 2.4.3 etwas mehr als die Hälfte der Heizerlänge z_A beträgt. Bei Verwendung niedrigerer Mittelwerte für die Gastemperatur nimmt φ etwas ab ($d\varphi/dT \approx 10^{-3}$ Grad/K).

senordnung gegenüber der herkömmlichen Atmosphärendruckablagerung verschiedene Vorteile erreichbar /12,23–25/. Pyramidenreaktoren erscheinen dafür als am besten geeignet /23/.

Wenn sekundäre Einflüsse, die durch Änderungen der Temperaturverteilung bei der Druckminderung eintreten können, vernachlässigbar bleiben, dann können die obigen Resultate hier ebenfalls benutzt werden, solange die Diffusionsbegrenzung überwiegt. Bei konstantem Gesamtstrom ($\dot{N}$) sind keine wesentlichen Änderungen der Einlauflänge z_E (Gl. (2–36) bzw. (2–56)), des optimalen Neigungswinkels (Gl. (2–46) für $z > z_E$) sowie der effektiven Diffusionslänge (Gl. (2–41) für $z > z_E$; s. a. Gl. (2–54) für $z \ll z_E$) zu erwarten. Bei konstantem Input-Molenbruch ($P_{AX,i}/P$) bleibt dann auch die diffusionsbegrenzte Ablagerungsrate ungeändert. Dies ist für die GaAs-Ablagerung aus Trimethylgallium und Arsin bei ca. 600°C sogar im Horizontalreaktor der Fall /25/. Hier können Änderungen der Strömungsverhältnisse eintreten /117/, die möglicherweise für die komplizierteren Ergebnisse bei der Si-Ablagerung /23,24/ mitverantwortlich sind. Vor allem werden bei niederen Drücken für die Si-Epitaxie auch reaktionskinetische Einflüsse wirksam (Abschn. 1.4.1), so daß sich im Übergangsgebiet unübersichtliche Verhältnisse ergeben [1]. Weiterführende Berechnungen müßten u. a. die Thermodiffusion sowie die in der Praxis bewährte Rotation des Substratträgers im Pyramidenreaktor berücksichtigen. Bereits ohne solche Verfeinerungen sind Modellrechnungen mit Stoff-, Wärme- und Impulsbilanzgleichungen sehr aufwendig. Die zunehmende Fülle theoretischer und experimenteller Ergebnisse wird für den Praktiker immer schwerer überschaubar. Insofern sind stark vereinfachende Berechnungen wichtig, um von Grenzsituationen aus eine bessere Übersicht zu gewinnen.

---

[1] Bei den sehr niedrigen Drücken, die für die Unterdruck-CVD von polykristallinem Si in Reaktoren mit frei stehender Scheibenanordnung verwendet werden (Abschn. 2.3.2), überwiegt die Reaktionsbegrenzung, bei der Epitaxie nach Abschn. 1.4.1 ebenfalls möglich wäre. Jedoch kann die Reaktantenverarmung in solchen Reaktoren bei Temperaturen, die unterhalb des Mindestwertes von ca. 800°C für die Si-Epitaxie /24,89/ liegen, nicht mehr hinreichend kompensiert werden /121/, so daß der Einsatz dieses Reaktortyps für die epitaktische Ablagerung nicht sinnvoll ist.

Zu den Grenzfällen der Innen- und Außenströmung

Wir sind von einer Behandlung des Stoffübergangs als "Innenproblem" /110/, entsprechend dem Vorliegen einer Rohr- oder Innenströmung [1], ausgegangen. Die durchgeführten Abschätzungen treffen um so besser zu, je kleiner die Einlauflänge ist.

Die zweite grundsätzliche Behandlungsmöglichkeit geht von der räumlich unbegrenzten Außenströmung, also dem "Außenproblem" /110/ aus. Sie ist in CVD-Reaktoren nur weit unterhalb der Einlauflänge verwendbar, wo das Substrat die gegenüberliegende Wand gewissermaßen noch nicht spürt [2]. Im übrigen sind die auf dieser Basis erhältlichen Aussagen weit weniger einfach als für die Innenströmung. Trotzdem sind sie nicht selten für CVD-Prozesse herangezogen worden. Im folgenden Abschnitt soll der Anschluß an diese Betrachtungen hergestellt werden, wobei sich die Gelegenheit ergibt, die Einlaufeffekte aus einer anderen Sicht (von kleinen z-Werten her) zu betrachten.

2.4.3 Ergebnisse und Gültigkeitsbereich der Theorie laminarer Grenzschichten ([x])

Ohne näher auf die Grundlagen der Grenzschichttheorie und ihrer Anwendungen für den Stoff- und Wärmeübergang [3] einzugehen, die letztlich wieder durch die Impuls-, Stoff- und Wärmebilanzgleichungen gegeben sind, sollen im folgenden einige wichtige Aussagen zusammengestellt werden.

Es wird eine laminare Außenströmung in z-Richtung (senkrecht zu y) mit der Geschwindigkeit $U = 0$ bei $y = 0$ und $U = U_\infty$ bei $y = \infty$ vorausgesetzt.

---

1) Die Begriffe der Innen- und Außenströmung werden hier im Sinne von Frank-Kamenetzki /110/ und nicht, wie z. B. in /75/, für die Strömung inner- und außerhalb einer Grenzschicht (Abschn. 2.4.3) verwendet.

2) Daß diese Vorstellung nur bei kleinen z-Werten sinnvoll ist, geht bereits aus Abb. 17 hervor (s. a. Abschn. 2.4.3).

3) Siehe /75,110,123,128,129/ sowie die verfahrenstechnischen und physikochemische Lehrbuchliteratur.

Aus einem unendlichen Potenzreihenansatz für U(y) ergibt sich die Anfangssteigung am Substrat /123/

$$\left(\frac{\partial U}{\partial y}\right)_s = 0{,}332 \left(\frac{U_\infty}{\nu z}\right)^{1/2} = 0{,}332 \; \frac{U_\infty \, Re_z^{1/2}}{z} \; . \quad (2\text{-}47)$$

ν ist die kinematische Viskosität und

$$Re_z = \frac{U_\infty \, z}{\nu} \quad (2\text{-}48)$$

die Reynolds-Zahl, gebildet mit z als charakteristischer Länge. – Definiert man eine fluiddynamische Grenzschichtdicke δ_f als denjenigen y-Wert, bei dem $U = 0{,}99 \; U_\infty$ wird, so gilt

$$\delta_f = \frac{5{,}0}{Re_z^{1/2}} \; z \; ; \quad (2\text{-}49)$$

$$\left(\frac{\partial U}{\partial y}\right)_s = 0{,}332 \; \frac{5{,}0 \; U_\infty}{\delta_f} \; . \quad (2\text{-}50)$$

Analog wird eine Stoffübergangs-Grenzschichtdicke δ_P im Partialdruckfeld eingeführt /75/. Ihr Zusammenhang mit δ_f ist gegeben durch

$$\frac{\delta_f}{\delta_P} = (Sc)^{1/3} = \left(\frac{\nu}{D}\right)^{1/3} \quad (2\text{-}51)$$

mit der Schmidt-Zahl $Sc = \nu/D$. Sie besitzt für Gase die Größenordnung eins und tritt in allen Analogiebeziehungen für den Impuls- und Stofftransport auf.

Die zur Gleichung (2-50) analoge Anfangssteigung des Partialdruckverlaufs ist

$$\left(\frac{\partial P_{AX}}{\partial y}\right)_s = 0{,}332 \; \frac{5{,}0 (P_{AX,\infty} - P_{AX,s})}{\delta_P} = \frac{P_{AX,\infty} - P_{AX,s}}{\delta} \; . \quad (2\text{-}52)$$

Die rechte Seite ergibt sich mit $P_{AX,\infty} \approx P_{AX,m}$ aus der Definitionsgleichung (1-13) für die effektive Diffusionslänge δ. Diese hat mit $\delta = \delta_P/1{,}66$ einen kleineren Wert als die Stoffübergangs-Grenzschichtdicke δ_P, bei der im diffusionsbegrenzten Fall $P_{AX} = 0{,}99\ P_{AX,\infty}$ wird.

Die Gleichungen (2-49), (2-51) und (2-52) führen auf die Sherwood-Zahl, die nach Gl. (1-15a) mit der charakteristischen Länge z gebildet wird:

$$Sh_z = \frac{z}{\delta} = 0{,}332\ Re_z^{1/2}\ Sc^{1/3} \quad . \qquad (2\text{-}53)$$

Ebenso wie unsere Ausgansgleichung (2-47) für die Außenströmung gilt dieser Zusammenhang unabhängig von der willkürlichen Definition einer Grenzschichtdicke, die lediglich intermediär benutzt wurde. Er liefert als effektive Diffuionslänge [1])

$$\boxed{\delta = \frac{1}{0{,}332}\ \nu^{1/6}\ D^{1/3}\ U_\infty^{-1/2}\ z^{1/2}} \quad , \qquad (2\text{-}54)$$

im Unterschied zu $\delta = 0{,}41\ h$ nach Gl. (2-41) für den anderen Extremfall einer Behandlung als "Innenproblem". Die im Abschn. 2.4.1 als Einlaufeffekt konstatierte Zunahme von δ mit z im Rohrreaktor wird in der Nähe von z = 0 durch Gl. (2-54) wiedergegeben [2]).

Anschaulich kann man sich vorstellen, daß die Grenzschichten von

---

1) Gl. (2-54) kann auch dann angewendet werden, wenn am Substrat- bzw. Heizeranfang bei z = 0 bereits ein z-unabhängiges, laminares Innenströmungsprofil vorliegt. Dieser Fall wurde von Manke und Donaghey /115/ für das im Abschn. 2.4.2 diskutierte Modell angenommen. Wird darüber hinaus eine y-unabhängige Strömungsgeschwindigkeit $\bar{U}$ vorausgesetzt (wie beim Rundle-Modell in Abschn. 2.4.1), so ändern sich die Resultate nur wenig (vgl. /124/, Appendix).

2) Die Temperatur- und Druckabhängigkeit von ν /4,75/ ist ähnlich wie diejenige von D nach Gl. (1-12). Bei konstantem Gesamtstrom ($\dot{N}$ in Gl. (2-42)) und $U_\infty \approx \bar{U}$ ist also δ annähernd druckunabhängig und nimmt unterlinear mit der Temperatur zu.

den Wandungen aus bei weiterer Vergrößerung von z schließlich zusammenwachsen, so daß sich als Endwert für die "Grenzschicht-dicke" ca. h/2 ergibt /4/. Dieser Wert wird, wenn man Gl. (2-49) mit $U_\infty \approx \bar{U}$ für eine abschätzende Extrapolation verwendet, von $\delta_f \approx \delta_p$ bei

$$z_{h/2} \approx 0{,}01 \frac{\bar{U}\, h^2}{\nu} \approx 0{,}01 \frac{\bar{U}\, h^2}{D} \qquad (2\text{-}55)$$

erreicht (etwa entsprechend der oberen Kurve in Abb. 17). Spätestens von hier an ist eine Behandlung als "Außenproblem" auch für Abschätzungen nicht mehr sinnvoll.

Die Berechnung als "Innenproblem" kann von der Einlauflänge z_E an erfolgen, bei der der z-unabhängige Endwert von δ und damit von k_t bis auf 1% erreicht ist. In Analogie zum Wärmeübergang /129/ gilt näherungsweise

$$\boxed{z_E = 0{,}05\ d\ Re_d\ Sc = 0{,}05 \frac{\bar{U}\, d^2}{D}\ .} \qquad (2\text{-}56)$$

Hier ist die Reynolds-Zahl Re_d, wie für die Innenströmung üblich, mit den hydraulischen Durchmesser

$$d = \frac{4\ F}{u_F} \qquad (2\text{-}57)$$

gebildet. F ist die Strömungsquerschnittsfläche und u_F deren Umfang. Für einen quadratischen Querschnitt mit $F = h^2$ wäre $d = h$ (und somit $z_E \approx 5\ z_{h/2}$). Für Rechteckrohre mit $F = a \cdot h$ und $a > h$ gilt

$$h < d < 2\ h \quad . \qquad (2\text{-}57a)$$

Für den Pyramindenreaktor mit dem annähernd ringförmigen Zwischenraum der mittleren Breite h (Abb. 18) ist $d \approx 2\ h$.

Die Reynolds-Zahl Re_d liegt bei CVD-Prozessen in den Größenordnungen [1] 10^1 und 10^2. Damit ergeben sich die bereits zu Gl. (2-36) genannten Einlauflängen z_E im Zentimeter- und Dezimeterbereich [2]. Im gleichen Bereich liegt die thermische Einlauflänge /129/

$$z_{E,th} = 0{,}05\ d\ Re_d\ Pr = 0{,}05\ \frac{\bar{U}\ d^2}{a_T}\ . \quad (2\text{-}58)$$

Der Temperaturleitkoeffizient a_T ist von ähnlicher Größe wie D und , und die Prandtl-Zahl $Pr = \nu/a_T$ besitzt die Größenordnung eins.

Grundsätzlich kann die reale Situation in CVD-Reaktoren, die im Übergangsgebiet zwischen Innen- und Außenströmung liegt, von beiden Grenzfällen aus betrachtet werden. Während die Behandlung als "Innenproblem" für Chargenreaktoren besonders bei kleinen Re_d-Werten gute Abschätzungen liefert, ist die für das "Außenproblem" gültige Grenzschichttheorie eher für Einscheibenreaktoren mit senkrecht angeströmtem Substrat (s. z. B. Abb. 1 sowie /130,131/) anwendbar. Dieser Sachverhalt wurde bereits in dem 1967 erschienen Lehrbuch von Grove /132/ deutlich gemacht.

Der für Chargenreaktoren sehr begrenzte Gültigkeitsbereich der Grenzschichttheorie ist jedoch nicht immer beachtet worden. Sie ist hier weder zur Berechnung mittlerer Ablagerungsraten noch zur Behandlung der Reaktantenverarmung und ihrer Kompensation geeignet. Die in Epitaxiereaktoren übliche Neigung der Substrate gegen die Hauptstromrichtung müßte für Verarmungsbe-

---

1) Die Werte liegen weit unterhalb des kritischen Wertes $Re_{d,kr} \geq 2300$ /123/ für den Umschlag der laminaren in die turbulente Strömung, die daher ganz außer Betracht bleiben kann.

2) Für die im Abschn. 2.4.2 diskutierten Messungen im Pyramidenrekator nach /115/ betrug $Re_d = 92{,}6$ bei Raumtemperatur. Unter Berücksichtigung der Temperaturabhängigkeit von $\bar{U}$ und ν ergibt sich bei 1988 K mit Sc = 1,8 und einem mittleren h = 3,3 cm für die Einlauflänge $z_E = 22$ gegenüber einer Heizerlänge $z_A = 40$ cm.

trachtungen über die Veränderung der Strömungsgeschwindigkeit mit dem Strömungsquerschnitt berücksichtigt werden (vgl. Abschn. 2.5.1), was aber im Widerspruch zum Konzept der Außenströmung steht.

Abschließend sei auf Komplikationen am Reaktoranfang hingewiesen, die u. a. durch lokale Verwirbelung entstehen können und die Anwendungsmöglichkeiten der laminaren Grenzschichttheorie auch hier einschränken. In Chargenreaktoren wird der Anfangsteil, wie bei den Beispielen aus /115/ und /120/ erwähnt wurde, nicht für die Beschichtung von Scheiben verwendet.

2.5 ABLAGERUNG IM HORIZONTALEN KALTWANDREAKTOR

2.5.1 Allgemeines

Unter den Kaltwandreaktoren sind diejenigen mit horizontalem Rechteckrohr (Abb. 2d) für industrielle CVD-Prozesse gegenwärtig am weitesten verbreitet. Der rechteckige Rohrquerschnitt führt gegenüber einem kreisförmigen zu wesentlich einheitlicheren Schichtdicken in transversaler (x-) Richtung. Dies wurde in /133/ unter Voraussetzung laminarer und isothermer Verhältnisse, wie sie auch beim Rundle-Modell (Abschn. 2.4.1) angenommen wurden, berechnet und experimentell bestätigt.

Die realen Verhältnisse werden jedoch durch den vertikalen Temperaturgradienten (ca. 10^2K/mm in Substratnähe) beeinflußt. Ohne erzwungene Konvektion können in einer solchen Anordnung fluiddynamische Instabilitäten in Gestalt des Bénard-Effektes /4,134,135/ entstehen. Bei vergleichbarer Stärke von freier und erzwungener Konvektion [1)] tritt eine kombinierte Strömung mit spiralförmigen Strömungslinien auf, die durch Erzeugung von TiO_2-Nebel (Hydrolyse von $TiCl_4$) im CVD-Reaktor sichtbar gemacht werden können /65,91,117,136/.

Nach Berechnungen mit dreidimensionalen Bilanzgleichungen /117/ ergibt sich für diesen Fall eine zu große Schichtdickenvariation in transversaler Richtung. Sie verringert sich beim Unterdrücken der spiralenförmigen Strömungsanteile durch Steigerung der er-

zwungenen Konvektionsgeschwindigkeit auf die in der CVD-Praxis üblichen Werte.
Im TiO_2-Strömungsbild hebt sich dann das relativ einheitliche Hauptstromgebiet deutlich von einer darunterliegenden Schicht ab, die infolge der vom Substrat weggerichteten Thermodiffusion frei von TiO_2-Partikeln ist /59/ und wegen der höheren Viskosität geringere Strömungsgeschwindigkeiten aufweist. Dadurch wurde für Eversteyn et al. /91/ die Verwendung der Nernst'schen Fiktion einer stagnierenden Grenzschicht nahegelegt. Das hieraus abgeleitete, grob vereinfachende Modell wird angesichts der Schwierigkeiten, die einer exakten Behandlung entgegenstehen, für horizontale Kaltwandreaktoren am häufigsten verwendet (s. a. Kap. 3 und 4) und soll ausführlicher besprochen werden.

2.5.2 Das Modell der stagnierenden Grenzschicht

Dieses Modell wurde in /91/ für die diffusionsbegrenzte Si-Ablagerung aus SiH_4 entwickelt und in /137/ präzisiert. Es kann leicht auf den allgemeinen Fall mit Einschluß der Reaktionsbegrenzung erweitert werden, wenn dabei die Dicke der stagnierenden Grenzschicht als unveränderlich angenommen wird /104,108/.

Für diese Grenzschichtdicke δ_{st} wurde empirisch (u. a. bei den TiO_2-Strömungsuntersuchungen) die Abhängigkeit von der über den freien Rohrquerschnitt a . h gemittelten, erzwungenen Konvektionsgeschwindigkeit $\bar{U} = \dot{V}/(a \cdot h)$ bestimmt /91/:

---

1) Als Maß für das Intensitätsverhältnis von freier zu erzwungener Konvektion hat sich das Zahlenverhältnis

$$\frac{Gr_L}{Re_L^2} = \frac{g\, L_{ch}\, (T_s - T_w)}{\bar{U}^2\, T_w}$$

eingebürgert /117/,124,125,136/. Dabei werden die Grashof-Zahl Gr und die Reynolds-Zahl Re mit einer charakteristischen Reaktordimension L_{ch} - am besten mit dem hydraulischen Durchmesser aus Gl. (2-57) - gebildet. $\bar{U}$ ist die mittlere Geschwindigkeit der erzwungenen Konvektion, g die Erdbeschleunigung und T_s bzw. T_w die Temperatur des Substrates bzw. der darüberliegenden Wand.

$$\delta_{st} = \frac{A}{\overline{U}^{1/2}} - B \quad . \tag{2-59}$$

In einem wassergekühlten Reaktor mit Substrattemperatur 1050°C und Atmosphärendruck ergab sich $A = 7\ cm^{3/2}s^{1/2}$ und $B = 0{,}2$ cm bei $\overline{U}$-Werten der Größenordnung 10^2cm/s, entsprechend einer Grenzschichtdicke δ_{st} von einigen Millimetern.

Die mit dem Grenzschichtmodell angenommenen Geschwindigkeits-, Temperatur- und Partialdruckverläufe zeigt Abb. 19.

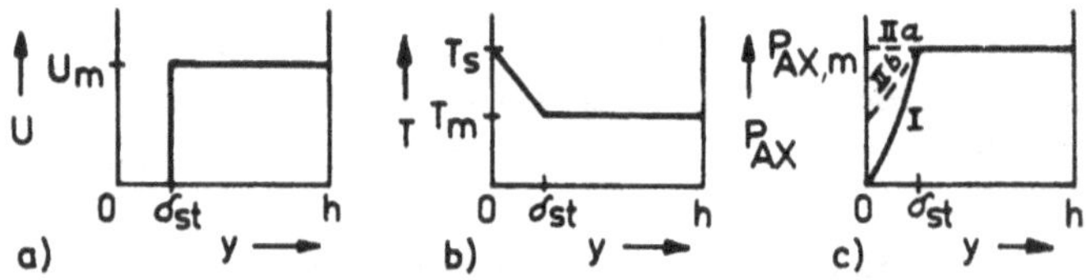

Abb. 19: Änderungen in der vom Substrat senkrecht zur darüberliegenden Reaktorwand verlaufenden y-Richtung
a) für die erzwungene Konvektionsgeschwindigkeit U,
b) für die Gastemperatur T und
c) für den Reaktantenpartialdruck P_{AX} bei Diffusionsbegrenzung (I) sowie bei Reaktionsbegrenzung (IIa ohne, IIb mit Thermodiffusion).

Oberhalb der Grenzschicht befindet sich die konvektive Zone mit den y-unabhängigen Werten U_m, T_m und $P_{AX,m}$, die einer Mittelung von $y = \delta_{st}$ bis h entsprechen [1]. Für die Temperatur wird ein linearer Verlauf von T_s bis T_m vorausgesetzt. Damit kann der P_{AX}-Verlauf innerhalb der Grenzschicht berechnet werden.

Naturgemäß weichen diese Verläufe von den realen Gegebenheiten, wie sie durch die bereits im Abschn. 1.1.5 erwähnten "in situ"-Messungen /62-69/ ermittelt werden können, erheblich ab.

---

[1] Durch das Beschränken der P_{AX}-Mittelung auf diesen Bereich wird der Anschluß an unsere früheren Formulierungen erleichtert, bei denen sich die konvektive Zone mit dem Mittelwert $P_{AX,m}$ von $y = 0$ bis h erstreckte.

Für die y-Unabhängigkeit der Werte in der konvektiven Zone wird die freie Konvektion verantwortlich gemacht /91/. Diese äußert sich trotz des Überwiegens der erzwungenen, laminaren Konvektion noch in einer geringen Verwirbelung /117/ sowie in zeitlichen Temperaturfluktuationen /125,136/. Sie dürfte auch zu einer gewissen Durchmischung in der Hauptstromrichtung führen, was aber bei den Verarmungsbetrachtungen (s. u.) unberücksichtigt bleibt [1].

Dies gilt auch für ein verfeinertes Modell von Ban /14/ für die Si-Ablagerung aus $SiCl_4$, das einen einseitig heterogenen Reaktionsablauf annimmt und insofern eher auf den SiH_4-Prozeß anwendbar wäre. Unter Modifizierung der laminaren Grenzschichttheorie werden Einlaufeffekte für die Gasgeschwindigkeit und die Temperatur sowie Thermodiffusionseinflüsse berücksichtigt. Die letzteren sollen auch hier in die Abschätzungen einbezogen werden. Anstelle des 1. Fickschen Gesetzes (1-11) gilt dabei für die Diffusionsstromdichte die Fundamentalgleichung der (pseudo-) binären Diffusion /138/:

$$j_{AX} = - \frac{D}{k_B T} \left(\frac{\partial p_{AX}}{\partial y} + \frac{\alpha p_{AX}}{T} \frac{\partial T}{\partial y} \right) . \qquad (2-60)$$

Der Thermodiffusionsfaktor α ist näherungsweise temperaturunabhängig. Für die Temperaturabhängigkeit des Diffusionskoeffizienten D wird einfachheitshalber Gl. (1-12) mit dem T-Exponenten m = 2 verwendet. Innerhalb der Grenzschicht ist j_{AX} unabhängig von y, und durch Integration ergibt sich für die stationäre Ablagerungsstromdichte bei Atmosphärendruck:

$$j_d = - (j_{AX})_s = k_t^{*} p_{AX,m} - k_t^{**} p_{AX,s} \quad ; \qquad (2-61)$$

$$\boxed{k_t^{*} = \frac{D_o}{k_B T_o^2} \frac{\alpha T_m}{\delta_{st}} \frac{T_s - T_m}{T_s^{\alpha} - T_m^{\alpha}} = k_t^{**} \frac{T_m^{\alpha}}{T_s^{\alpha}}} . \qquad (2-62)$$

---

[1] Das andere Extrem mit vollständiger Durchmischung in der konvektiven Zone wird von Korec /139/ angenommen, der damit die Verarmung in der Strömungsrichtung von vornherein vernachlässigt.

Die zusätzliche Thermodiffusions-Stromdichte ist für die schwereren Moleküle von der heißen Oberfläche weggerichtet, so daß $k_t^{*} < k_t^{**}$ gilt. Mit $\alpha = 1$, was beispielsweise für SiH_4 in H_2 eine gute Näherung ist /140/, folgt

$$k_{t,1}^{*} = \frac{D_o}{k_B T_o^2} \frac{\alpha T_m}{\delta_{st}} = \frac{D_m}{k_B T_m \delta_{st}} = k_{t,1}^{**} \frac{T_m}{T_s} . \qquad (2\text{-}62a)$$

Bei einer Reaktion 1. Ordnung für AX ergibt sich mit Gl. (1-39) in Analogie zu Gl. (1-40) für die Ablagerungsstromdichte /108/:

$$\boxed{j_d = \frac{k_t^{*}}{k_t^{**}} \frac{P_{AX,m}}{\frac{1}{k_t^{**}} + \frac{1}{k_H}} = k^{*} P_{AX,m}} . \qquad (2\text{-}63)$$

Im reaktionsbegrenzten Fall wird $j_d = k_H P_{AX,m} k_t^{*}/k_t^{**}$, im Unterschied zu Gl. (1-40b). Für $\alpha = 1$ und $T_m = T_s/2$, was in einem wassergekühlten Reaktor eintreten kann, gilt $k_{t,1}^{**}/k_{t,1}^{*} = P_{AX,m}/P_{AX,s} = 2$. Dem entspricht der Verlauf IIb in Abb. 19 und eine Verminderung der Ablagerungsrate auf die Hälfte gegenüber einer Situation ohne Thermodiffusion (Verlauf IIa).

Die Vernachlässigung der Thermodiffusion ist für Wasserstoff-freie CVD-Systeme möglich /4/ und führt mit $\alpha = 0$ auf

$$k_{t,o}^{*} = k_{t,o}^{**} = \frac{D_o}{k_B T_o^2} \frac{T_s - T_m}{\delta_{st} \ln(T_s/T_m)} . \qquad (2\text{-}64)$$

Der Vergleich mit Gl. (2-62a) liefert bei $T_m = T_s/2$ für die Ablagerungsrate bei Diffusionsbegrenzung einen durch die Thermodiffusion um den Faktor $k_{t,1}^{*}/k_{t,o}^{*} = \ln 2 = 0{,}7$ verkleinerten Wert.

Von Eversteyn et al./80,91/ wird für SiH_4 in H_2 mit einem Stoffübergangskoeffizienten $\frac{D_o' T_s}{k_B T_o^2 \delta_{st}}$ gerechnet, der sich aus dem isothermen Fickschen Diffusionsgesetz ergibt (s. Abschn. 1.2 zu Gl. (1-10)). Wegen Nichtberücksichtigung der Thermodiffusion wird der an die experimentellen Ablagerungsraten angepaßte Raumtemperatur-Wert $D_o' = 0{,}2\ cm^2/s$ verwendet. Formal tritt also $D_o'\ T_s/T_m \approx 0{,}4\ cm^2/s$ in Gl. (2-62a) und allen daraus folgenden Gleichungen an die Stelle von D_o. Die Differenz zu dem tatsächlichen Wert $D_o \approx 0{,}65\ cm^2/s$, die sich auch bei Verwendung einer modifizierten Temperaturabhängigkeit von D /91/ nicht wesentlich ändert, muß den Vereinfachungen des Modells der stagnierenden Grenzschicht angelastet werden.

Im thermodiffusionsfreien Fall liefert ein Vergleich mit dem nach Gl. (1-15) für eine von y = 0 bis h gemittelte Temperatur $\bar{T}$ berechneten Stoffübergangskoeffizienten k_t bei $T_m = T_s/2$ den Zusammenhang

$$\frac{k_t}{k^*_{t,o}} = 0{,}7\ \frac{\bar{T}\ \delta_{st}}{T_m\ \delta}\ . \qquad (2\text{-}65)$$

Mit einem nach Gl. (2-41) ohne Einlaufeffekte berechneten $\delta = 0{,}41$ h resultiert beispielsweise für $\delta_{st} \approx h/4$ das Verhältnis $k_t/k^*_{t,o} \approx 2$, entsprechend einer Verdopplung der diffusionsbegrenzten Ablagerungsrate.

Allgemein können sich die Stoffübergangskoeffizienten und Ablagerungsraten, die für Kaltwandreaktoren bei unterschiedlichen Strömungsmodellen sowie mit bzw. ohne Thermodiffusion berechnet werden, um ein Mehrfaches - etwa innerhalb einer halben Größenordnung - unterscheiden.

Zur Reaktantenverarmung

Wichtiger als die Variationen der Absolutwerte sind die unterschiedlichen relativen Änderungen der Ablagerungsrate innerhalb der Reaktoren, und zwar im Hinblick auf die Verarmungskompensation. Diese kann wieder auf der im Abschn. 2.2 gegebenen Grundlage behandelt werden, wobei für spezifische Ablagerungsrate

$j_d/P_{AX,m} = k$ der Wert k^* aus Gleichung (2-63) einzusetzen ist.

Bei Reaktionsbegrenzung tritt damit in Gleichung (2-27) lediglich $k_{H,i} \cdot \left(T_{m,i}/T_{s,i} \right)^{\alpha}$ an die Stelle von $k_{H,i}$, wenn die geringe Änderung von T_m/T_s mit z vernachlässigt wird.

Interessanter ist der diffusionsbegrenzte Fall, besonders im Hinblick auf die Si-Epitaxie als wichtigstes Anwendungsgebiet des horizontalen Kaltwandreaktors. Hier kann die Zunahme von $k = k_t^*$ in z-Richtung wieder durch eine Neigung des Substratträgers um einen kleinen Winkel φ gegen diese Richtung bewirkt werden (Abb. 2d). Damit gilt $h = h_i - z \tan\varphi$ wie in Abb. 18 für den Vertikalreaktor.

Während aber hieraus für diesen Reaktor bei Vernachlässigung der Einlaufeffekte nach Gleichung (2-44) eine lineare z-Abhängigkeit von δ folgt, ergibt sich mit Gleichung (2-59):

$$\delta_{st} = \frac{A}{\sqrt{\bar{U}_i}} \left(1 - \frac{z}{h_i} \tan\varphi\right)^{1/2} - B \, . \qquad (2\text{-}66)$$

Damit kann die Forderung (2-21) für eine vollständige Kompensation der Verarmung bei z-unabhängiger Temperatur, die im diffusionsbegrenzten Modell /91/ vorausgesetzt wird, nicht erfüllt werden. Lediglich bei nicht zu großen z-Werten folgt unter Reihenabbruch der dafür erforderliche, lineare Zusammenhang:

$$\delta_{st} \approx \delta_{st,i} - \frac{A\,z}{2\sqrt{\bar{U}_i}\,h_i} \cdot \tan\varphi \, . \qquad (2\text{-}67)$$

Das führt mit Gleichung (2-21) und Gleichung (2-62a) für $\alpha = 1$ auf (s. a. zu Gleichung (2-46)):

$$\sin\varphi \approx \frac{2\,D_o\,T_m^2}{A\sqrt{\bar{U}_i}\,T_o^2} = \frac{2\,D_m}{A\sqrt{\bar{U}_i}} =$$

$$= \frac{2\,D_m}{A} \left(\frac{P\bar{I}h_i}{\dot{N}k_B\,T_m} \right)^{1/2} . \qquad (2\text{-}68)$$

Experimentell wurde in /91/ bei $\bar{U}_i$ = 80 cm/s, T_m = 700 K, T_s = 1325 K und h_i = 2 cm ein optimales φ = 2,9° mit der Schichtdickenvariation $\Delta L_{rel} = \pm 1$ % für einen z-Bereich von 22 cm gefunden. Demgegenüber ergibt sich mit dem angepaßten $D_o^{\bullet}\, T_s/T_m$ anstelle von D_o (s. o.) in Gleichung (2-68) ein um 1 Grad grösserer φ-Wert.

Setzt man den vollständigen Ausdruck (2-66) mit Gleichung (2-62a) für $\alpha = 1$ in die grundlegende Gleichung (2-19) für die z-Abhängigkeit der Ablagerungsrate ein, so ergibt sich nach Integration:

$$j_d = \frac{D_o T_m P_{AX,i}}{k_B T_o^2\;\delta_{st}} \exp\left(- \frac{D_o\,T_m^2}{T_o^2\,A^2 \tan\varphi} \left(\delta_{st,i} - \delta_{st} + B \ln \frac{\delta_{st,i}}{\delta_{st}} \right) \right)$$

In /80/ wurden auf dieser Grundlage - wieder mit $D_o^{\bullet}\, T_s/T_m$ anstelle von D_o - umfangreiche Berechnungen der Schichtdickenvariation (2-25) in Abhängigkeit von φ, $\bar{U}_i$, h_i und der Substratträgerlänge bei Schichtausbeuten ε um 35% durchgeführt und die optimalen Wertekombinationen angegeben. Diese stimmen gut mit den oben erwähnten Experimenten überein. - Insgesamt gesehen, scheinen gegenüber den Vertikal-Epitaxiereaktoren (Abschn. 2.4) keine ausgeprägten Unterschiede hinsichtlich der erreichbaren Schichtdickenhomogenität aufzutreten. Dies gilt auch bei zweiseitigen Ablagerungsreaktionen, denen wir uns jetzt zuwenden.

3. ABLAGERUNG BEI ZWEISEITIGEM REAKTIONSABLAUF

Wir lassen nun die bisher gemachte Voraussetzung einer extremen Gleichgewichtslage und damit eines einseitigen Reaktionsablaufes

fallen , um uns den thermodynamischen Aspekten der chemischen Dampfablagerung zuzuwenden. Bedingt durch die Bedeutung für den chemischen Transport sowie durch die historische Entwicklung der Halbleiter-Epitaxie und der Si-Vorfertigung mit ihrem bevorzugten Einsatz von Chloridprozessen, nehmen solche Aspekte in der CVD-Literatur und insbesondere auch in den Übersichtsbeiträgen /1,4,29,30,56,79,93,96,101,141/ breiten Raum ein.
Daher kann hier eine relativ kurze Darstellung erfolgen.

In den Abschnitten 3.1 bis 3.3 werden neue Gesichtspunkte für zweiseitige gegenüber einseitigen Prozessen anhand einer Modellreaktion aufgezeigt. Bei realen, zweiseitigen Prozessen spielen Neben- oder Simultanreaktionen eine wichtige Rolle. Sie wird im Abschnitt 3.4 diskutiert, wobei die quantitativen Aussagemöglichkeiten stark eingeschränkt sind.

3.1 MODELLBETRACHTUNGEN ZUM EINFLUSS DER GLEICHGEWICHTSLAGE

Obwohl für zweiseitige Ablagerungsreaktionen meist zwei oder mehr Ausgangsstoffe (z. B. $SiCl_4 + H_2$) eingesetzt werden [1], können wichtige Gesichtspunkte bereits an der Modellreaktion

$$AX(g) \underset{k_R}{\overset{k_H}{\rightleftharpoons}} A(s) + X(g) \qquad (3\text{-}1)$$

diskutiert werden, da einer der Ausgangsstoffe (im Beispiel: $SiCl_4$) stets den limitierenden Reaktanten darstellt. In Gleichung (3-1) überlagert sich der Hin-Reaktion (1-6) eine Rück-Reaktion mit der spezifischen Reaktionsrate k_R. Sind beides Prozesse 1. Ordnung [2], so ist die Ablagerungsstromdichte im

[1] Auch bei der Si-Ablagerung aus Dichlorsilan mit der Zerfallsreaktion

$$SiH_2Cl_2 \rightleftharpoons Si(s) + 2\ HCl(g)$$

ist der stets als Trägergas verwendete Wasserstoff mitbestimmend für das Reaktionsgeschehen und für die Gleichgewichtslage im Simultangleichgewicht (vgl. Abschn. 3.4).

[2] Dies setzt eine geringe Oberflächenbedeckung bei der Adsorption von AX und Y voraus (vgl. Abschn. 1.3 sowie /98/).

Unterschied zu Gleichung (1-39):

$$j_d = k_H P_{AX,s} - k_R P_{X,s} = k_H \left(P_{AX,s} - \frac{P_{X,s}}{K_1}\right) . \qquad (3\text{-}2)$$

K_1 ist die Gleichgewichtskonstante der Reaktion mit den Gleichgewichtspartialdrücken $P_{AX,e}$ und $P_{X,e}$ (für "equilibrium") sowie der Reaktionsenthalpie ΔH_1 in der zugehörigen van't Hoffschen Gleichung:

$$K_1 = \frac{k_H}{k_R} = \frac{P_{X,e}}{P_{AX,e}} = K_{o1} \exp\left(- \frac{\Delta H_1}{k_B \; T_s}\right) . \qquad (3\text{-}3)$$

Für die stationären Diffusionsstromdichten an der Oberfläche gilt in Erweiterung von Gleichung (1-38):

$$j_d = k_{t,AX} (P_{AX,m} - P_{AX,s}) = k_{t,X} (P_{X,s} - P_{X,m}) . \qquad (3\text{-}4)$$

Werden hiermit die Oberflächen-Partialdrücke aus Gleichung (3-2) eliminiert, so folgt:

$$j_d = \left(\frac{1}{k_H} + \frac{1}{k_{t,AX}} + \frac{1}{K_1 \; k_{t,X}}\right)^{-1} \left(P_{AX,m} - \frac{P_{X,m}}{K_1}\right) . \qquad (3\text{-}5)$$

Bei gleichen Stoffübergangskoeffizienten ($k_{t,AX} = k_{t,X} = k_t$) ergibt dies einen Ausdruck /56/, der in /96/ mit $P_{X,m} = 0$ für instruktive Modellrechnungen zum Temperatureinfluß benutzt wurde. Als zu verallgemeinernde Aussagen sind unmittelbar einleuchtend:

- Ein Steilanstieg der Ablagerungsrate mit der Temperatur, der üblicherweise als Hinweis auf Reaktionsbegrenzung angesehen wird (Abschn. 1.4), kann bei exothermen Reaktionen mit $\Delta H_1 < 0$ auch durch einen überwiegenden Einfluß von K_1 im ersten Klammerausdruck der Gleichung (3-5), also durch Gleichgewichtsverschiebung bei überwiegender Diffusionsbegrenzung, zustandekommen.

- Bei exothermen Reaktionen kann der entsprechende Einfluß zu einer Abnahme der Ablagerungsrate mit steigender Temperatur führen, die bei einseitigem Reaktionsablauf nur durch Adsorptionseinflüsse (Abschnitt 1.3.2) oder durch Homogenreaktionen (Abschnitt 1.1.5 und 1.5) erklärbar ist.

Die Voraussetzung $P_{X,m} = 0$ ist bei einem Input-Partialdruck $P_{X,i} = 0$ und kleinen Umsätzen (in Einscheibenreaktoren bzw. im Anfangsteil von Chargenreaktoren) näherungsweise erfüllt. - Eine andere, mitunter stillschweigend gemachte Näherung ergibt sich bei zusätzlicher Einleitung des Produktes X (z. B. HCl bei Chloridprozessen) für

$$P_{X,m} \gg P_{AX,m} .$$

Dann ist der Partialdruck P_X nahezu gleich der Summe $P_{X,m} + P_{AX,m}$, und seine relative Variationsmöglichkeit ist gering (ähnlich wie in Abb. 6 für P_{BY} bei entgegengerichteter Änderung mit y, vgl. Abschnitt 1.4.2). Dabei gilt

$$P_{X,m} \leqslant P_{X,s} \leqslant P_{X,e} \leqslant (P_{X,m} + P_{AX,m}), \tag{3-6}$$

so daß in Gleichung (3-2)

$$P_{X,s} \approx P_{X,e} \tag{3-7}$$

gesetzt werden kann:

$$j_d = k_H (P_{AX,s} - P_{AX,e}) . \tag{3-8}$$

Damit tritt $(P_{AX,s} - P_{AX,e})$ als Oberflächenübersättigung an die Stelle von $P_{AX,s}$ in Gleichung (1-39), und alle weiteren Aussagen des Abschnitts 1.4 über einseitige Reaktionen können sinngemäß - mit $P_{AX,e}$ statt Null als untere Schranke für $P_{AX,s}$ - übernommen werden. So ergibt sich aus den Gleichungen (3-8) und (3-4) mit $k_{t,AX} = k_t$ in Analogie zu Gleichung (1-40):

$$\boxed{j_d = \frac{P_{AX,m} - P_{AX,e}}{\frac{1}{k_H} + \frac{1}{k_t}}} . \tag{3-8a}$$

Im allgemeinen wird jedoch bei zweiseitigen Ablagerungsreaktionen nicht mit überwiegendem Produktpartialdruck gearbeitet. Dann stellen die Gleichungen (3-8) und (3-8a) nur in der Nähe der Diffusionsbegrenzung und damit des Oberflächengleichgewichtes gute Approximationen dar. Unabhängig davon gilt für den diffusionsbegrenzten Extremfall:

$$\boxed{j_d = k_{t,AX} \left(P_{AX,m} - P_{AX,e}\right)} \quad . \tag{3-9}$$

<u>Zum Einfluß der Austauschstromdichte</u>

Mit der Näherung (3-8) sowie mit

$$j_{HR} = k_H P_{AX,e} = k_R P_{X,e} \approx k_H P_{X,s} \tag{3-10}$$

als der beidseitigen Stromdichte oder Austauschstromdichte /4/ wird

$$j_d = j_{HR} \left(\frac{P_{AX,s}}{P_{AX,e}} - 1 \right) \quad . \tag{3-11}$$

Der Klammerausdruck ist proportional zur thermodynamischen Affinität der Reaktion [1] und kann als ihre Triebkraft aufgefaßt werden. Um die gleiche resultierende Stromdichte j_d zu erreichen, muß die Triebkraft und damit die relative Oberflächenübersättigung bei einseitigen Reaktionen mit ihrer verschwindenden Austauschstromdichte wesentlich größer sein als bei zweiseitigen Reaktionen. Diese verlaufen also unter wesentlich gleichgewichtsnäheren Bedingungen, wobei die höhere Austauschstromdichte das

---

1) In Gleichgewichtsnähe ist die thermodynamische Affinität $A_{th} < k_B T_s$, so daß aus Gl. (3-2) und (3-10) folgt:

$$j_d = k_B P_{X,s} \left(K_1 \frac{P_{AX,s}}{P_{X,s}} - 1\right) \approx j_{HR} \ln\left(K_1 \frac{P_{AX,s}}{P_{X,s}}\right) = j_{HR} \frac{A_{th}}{k_B T_s} \quad .$$

Das entspricht den linearen Zusammenhängen zwischen Reaktionsgeschwindigkeit und Affinität aus der Thermodynamik irreversibler Prozesse /4,119,134/.

Einnehmen der "richtigen" Oberflächenplätze für ein epitaktisches Wachstum erleichtert.

Derartige Gesichtspunkte wurden in /4,93/ verallgemeinert und als wesentlich für die Erreichung einer hohen Kristallperfektion herausgestellt. Möglicherweise liegt hier die Ursache für die Überlegenheit zweiseitiger gegenüber einseitigen Ablagerungsreaktionen hinsichtlich der epitaktischen Schichtperfektion (s. Abschn. 1.1.1). Das komplizierte Zusammenwirken zahlreicher Einflußgrößen erschwert jedoch eindeutigere Aussagen.
Speziell bei der Si-Ablagerung kann für die bessere Schichtqualität aus den Chloridprozessen auch eine Bildung ternärer Schmelzen mit Dotierungselementen und Sauerstoff-Verunreinigungen entscheidend sein, die beim Silanprozeß wegen der niedrigeren Temperatur und des weitergehenden Ausschlusses von Sauerstoff unterbleibt /1/.

3.2 CVD-ZAHL UND MORPHOLOGISCHE ASPEKTE (^{x})

Auf der Grundlage der Näherung (3-8) wurde als CVD-Zahl eingeführt (/104/, vgl. Gleichung (1-42)):

$$N_{CVD} = \frac{k_H}{k_t} = \frac{P_{AX,m} - P_{AX,s}}{P_{AX,s} - P_{AX,e}} \qquad (3\text{-}12)$$

Sie dient zur Charakterisierung des CVD-Prozesses bei morphologischen Betrachtungen /104,105,142-145/, die anhand der Störungstheorie und des Modells der stagnierenden Grenzschicht angestellt wurden und hier skizziert werden sollen.

Oberflächenrauhigkeiten, die im Zuge des Schichtwachstums entstehen, unterliegen im wesentlichen zwei entgegengesetzten Einwirkungen:

I) Der Oberflächenpartialdruck der Ausgangsstoffe ist an den Erhöhungen, wo die effektive Diffusionslänge verringert ist, größer als in den Vertiefungen, so daß die Rauhigkeit verstärkt wird.

II) Dem einebnenden Einfluß der freien Oberflächenenergie entsprechend, ist der Sättigungsdampfdruck des Festkörpers und damit der Gleichgewichtspartialdruck der Ausgangsstoffe an den Erhöhungen größer als in den Vertiefungen.

Für hinreichend große Rauhigkeiten überwiegt der verstärkende Einfluß I in Gleichung (3-8), wobei von einer Orientierungsabhängigkeit der Geschwindigkeitskonstanten und der freien Oberflächenenergie abgesehen wird. Es ergibt sich, daß der Wachstumsprozeß im allgemeinen instabil ist, während ein absolut stabiles Wachstum unter Beibehaltung ebener Oberflächen nur unter dem zusätzlichen Einfluß von Oberflächentemperaturgradienten [1] bei überwiegender Reaktionsbegrenzung auftreten kann, wo der diffusive Einfluß I gering ist.

Jedoch sind die Zeiten bis zur Ausbildung größerer Unebenheiten selbst bei überwiegender Diffusionsbegrenzung meist länger als die üblichen Ablagerungszeiten, so daß auch beim Epitaxieprozeß spiegelnd glatte Oberflächen erzielt werden können [2].

Werden profilierte Substrate mit Gruben von z. B. trapezförmigem Querschnitt (Abb. 20) vorgegeben, so sind in Abhängigkeit von deren Abmessungen, von der Zeit und von der CVD-Zahl unterschiedliche Schichtdickenverteilungen zu erwarten /104,145/. Bei überwiegender Reaktionsbegrenzung und nicht extrem langen Zeiten resultieren sehr einheitliche Schichtdicken mit geringer Abrundung der Kanten. Dies ist aufgrund des verschwindenden Diffusionseinflusses (I) plausibel und für die gleichmäßige Beschichtung profilierter Oberflächen, die in der Technologie ange-

1) Temperaturgradienten können durch die ungleichmäßige Verteilung der Reaktionswärme auf rauhen Oberflächen bei niedrigen Temperaturen auftreten, bei denen der ausgleichende Einfluß der Wärmestrahlung unzureichend wird /144/.

2) Eine Voraussetzung dafür sind ebenso glatte und sehr reine Substratoberflächen, die durch das vorausgehende Gasphasenätzen (z. B. von Si mit HCl) erhältlich sind. Dabei ist der Einfluß der Gasphasendiffusion (I) demjenigen der freien Oberflächenenergie (II) gleichgerichtet, woraus ein prinzipiell stabiler Prozeß resultiert /105,143/.

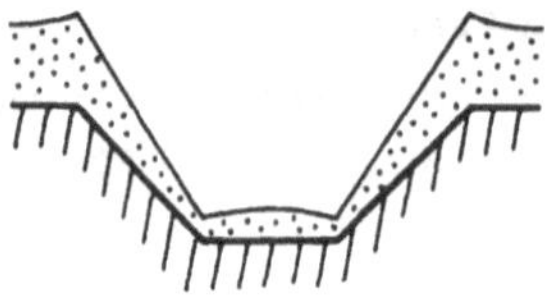

Abb. 20: Schematische Dickenverteilung einer bei Diffusionsbegrenzung abgelagerten Schicht (punktiert) auf profilierter Unterlage.

strebt wird, wichtig. - Die Schichtdickenvariation wächst mit der CVD-Zahl und der Zeit, wobei für hinreichend grobe Profile der in Abb. 20 gezeigte Habitus mit zugespitzten Kanten auftreten kann.

Dementsprechend wurden für die Beschichtung profilierter Substrate mit polykristallinem Si aus $SiHCl_3$ und H_2 /104/ bei Substrattemperaturen um 1000°C wesentlich einheitlichere Schichtdicken gefunden als bei um ca. 200° höherer Temperatur [1]. Die quantitativen Aussagemöglichkeiten werden hier allerdings dadurch beeinträchtigt, daß nicht bei überwiegendem Partialdruck des Produktes HCl aus

$$SiHCl_3(g) + H_2(g) \rightleftharpoons Si(S) + 3\,HCl(g) \qquad (3\text{-}13)$$

gearbeitet wird [2]. Vor allem treten auch Komplikationen durch Simultanreaktionen ein (s. Abschnitt 4), und die CVD-Zahl wird vom Input-Partialdruck des $SiHCl_3$ abhängig /142/. Die Schichtdickenvariation nimmt mit steigendem Input-Partialdruck ab, was bei einer einseitigen Reaktion der Ordnung $q < 1$ mit Gleichung (1-51) durch zunehmende Reaktionsbegrenzung erklärt werden könnte. Demgegenüber wird in /142/ angenommen, daß die Diffusions-

---

1) Dadurch wird die für Gl. (3-12) vorausgesetzte Näherung (3-7) bei überwiegender Reaktionsbegrenzung ebenso ungenügend wie die analoge Näherung $P_{AX,s} \approx P_{AX,e}$, die in /142/ zusätzlich benutzt wird. Der resultierende Ausdruck für die Wachstumsrate ist dabei noch komplizierter als die korrekte Gl. (3-5), auch wenn der dominierende und daher praktisch konstante Wasserstoffpartialdruck mit in die Geschwindigkeitskonstante k_H einbezogen wird.

2) Vgl. Abb. 7. - Das diffusionsbegrenzte Hochtemperaturgebiet mit seinen höheren Ablagerungsraten wird technisch zur Ablagerung von polykristallinem Si im Rahmen der Vorfertigung genutzt /146/.

begrenzung bestehen bleibt. - Generell sind die Mechanismen der zweiseitigen Chloridprozesse wesentlich schwerer zugänglich als diejenigen der einseitigen Prozesse (s. Abschnitt 1.3.2), weshalb hier auf die Wiedergabe detaillierterer Vorstellungen verzichtet werden soll.

3.3 WEITERE MODELLBETRACHTUNGEN ZUR DIFFUSIONSBEGRENZTEN ABLAGERUNG

Da zweiseitige Ablagerungsreaktionen hauptsächlich für die Epitaxie eingesetzt werden, ist der diffusionsbegrenzte Fall hier am wichtigsten. Er soll anhand der Modellreaktion (3-1) näher untersucht werden. Für $P_{X,i} = 0$, also

$$P_{AX,i} = P_{AX,m} + P_{X,m} ,$$

folgt mit Gleichung (3-3) aus Gleichung (3-4) für den Oberflächenpartialdruck

$$P_{AX,e} = \frac{P_{AX,i} + P_{AX,m}\left(\frac{k_{t,AX}}{k_{t,X}} - 1\right)}{\frac{k_{t,AX}}{k_{t,X}} + K_1} \approx \frac{P_{AX,i}}{1 + K_1} . \qquad (3\text{-}14)$$

Die Näherung (rechts) ergibt sich durch Vernachlässigung des Unterschiedes der Stoffübergangskoeffizienten. Sie ermöglicht die Berechnung der Reaktantenverarmung und ihrer Kompensation in weitgehender Analogie zum einseitigen Fall (mit $P_{AX,e}$ statt Null als untere Schranke für $P_{AX,m}$ in Kap. 2). Allgemein tritt dabei ein thermodynamischer Ausbeutefaktor f_{th} zum Input-Partialdruck des limitierenden Reaktanten hinzu, so daß die ortsunabhängige Ablagerungsstromdichte

$$j_d \approx k_{t,i}\, f_{th}\, P_{AX,i} \approx \frac{P_{AX,m}}{\frac{1}{k_t} + \frac{1 - f_{th}}{k_{t,i} f_{th}}} \qquad (3\text{-}14^x)$$

wird. Dieser Faktor setzt eine obere Schranke für die Schichtausbeute ε aus Gleichung (2-23) und hat hier den Wert

$$f_{th} = 1 - \frac{p^x_{AX,e}}{p_{AX,i}} = \frac{K_1}{1 + K_1} > \frac{\varepsilon}{100\%} \quad . \qquad (3\text{-}15)$$

Er ergibt sich unter der bei thermodynamischen Berechnungen üblichen Annahme, daß sich das Gleichgewicht nicht nur an der Oberfläche, sondern auch im isothermen Gasraum mit ortsunabhängigen Partialdrücken $p^x_{\gamma,e}$ einstellt, hier also mit:

$$p^x_{AX,e} = p_{AX,i} - p^x_{X,e} = \frac{p_{AX,i}}{1 + K_1} \quad . \qquad (3\text{-}14a)$$

Der Vergleich mit Gleichung (3-14) liefert als allgemeingültige Aussage, daß die Partialdrücke $p^x_{\gamma,e}$, die aus der üblichen Gleichgewichtsberechnung ohne Berücksichtigung der Reaktanten-Umverteilung im CVD-Prozeß resultieren, nur bei vernachlässigbarem Unterschied der Stoffübergangskoeffizienten den Oberflächenpartialdrücken $p_{\gamma,e}$ gleich sind. Diese können durch eine Verwendung modifizierter Input-Werte erhalten werden, was bei Simultangleichgewichten aufwendige Iterationsverfahren erfordert /140,147/ und bisher nur beim Berechnen mittlerer Ablagerungsraten erfolgte. Gleichung (3-14) zeigt, daß die Oberflächenpartialdrücke bei unterschiedlichen Stoffübergangskoeffizienten durch die stromabwärts eintretende Verarmung (Abnahme von $p_{AX,m}$) und auch durch die Temperaturabhängigkeit von K_1 eine gewisse Ortsabhängigkeit zeigen, die für die Kompensationsberechnung schwer zu berücksichtigen wäre.

Das Quasi-Gleichgewichts-Modell

Dieses sehr vereinfachende Modell /148/ geht davon aus, daß bei Gleichgewichtseinstellung zwischen dem Festkörper und der gesamten Gasphase z. B. bei der Reaktion (3-1) eine maximale Ablagerungsstromdichte

$$j_{d,max} = \frac{\dot{N}_{A,max}}{F} = \frac{\dot{N}_{AX,i} - \dot{N}_{AX,e}}{F}$$

$$= \frac{\dot{N}}{F\ P} (P_{AX,i} - P^{x}_{AX,e}) \tag{3-16}$$

auftreten würde. Tatsächlich kann sich, auch wenn von reaktionskinetischen Hemmungen abgesehen wird, nur ein Teil des Input-Stroms $\dot{N}_{AX,i}$ mit dem Festkörper ins Gleichgewicht setzen. Dies wird durch einen Faktor $ß \leq 1$ berücksichtigt:

$$j_d = ß\ \frac{\dot{N}}{F\ P} (P_{AX,i} - P^{x}_{AX,e}) = ß\ f_{th}\ \frac{\dot{N}_{AX,i}}{F}\ . \tag{3-17}$$

Dementsprechend wird allgemein der Ablagerungsstrom j_dF dem Bruchteil $ß \cdot f_{th}$ des Input-Stroms des limitierenden Reaktanten gleichgesetzt /148/. – In Einscheibenreaktoren sowie im Anfangsteil von Chargenreaktoren gilt $ß \ll 1$ und damit

$$P_{AX,i} \approx P_{AX,m}\ ,$$

so daß der Vergleich mit Gleichung (3-9) bei überwiegender Diffusionsbegrenzung und gleichen Stoffübergangskoeffizienten ergibt:

$$\boxed{ß = \frac{j_d}{j_{d,max}} \approx k_t\ \frac{F\ P}{\dot{N}}\ .} \tag{3-18}$$

Dieser Zusammenhang kann auch beim Auftreten von Simultanreaktionen angewendet werden und zeigt die eigentliche Grundlage des weit verbreiteten Quasi-Gleichgewichts-Modells (s. a. /96/). Mitunter wird ß mit Hilfe eines Wertepaares von j_d und $j_{d,max}$

empirisch bestimmt und dann zur Vorhersage der Partialdruck- und Temperaturabhängigkeit aus den Gleichgewichtsberechnungen als konstant angenommen, wobei jedoch Vorsicht geboten ist. - Ein Vergleich des Trends der experimentellen Ablagerungsrate und der thermodynamisch berechneten oberen Schranke $j_{d,max}$ ist in jedem Falle nützlich für die Separierung der Gleichgewichtseinflüsse von den Einflüssen der Transport- und Oberflächenreaktionskinetik sowie der evtl. auftretenden Homogenreaktionen.

3.4 EINBEZIEHUNG VON SIMULTANGLEICHGEWICHTEN AM BEISPIEL DER SI-EPITAXIE

Eine noch nicht berücksichtigte Komplikation von CVD-Prozessen stellt das Auftreten von Gasmolekülen dar, die die abzulagernden Atomarten enthalten, ohne im Input-Strom zugeführt worden zu sein. Während z. B. bei der Si-Ablagerung aus SiH_4 andere Si-haltige Moleküle vernachlässigt werden können (s. Abschn. 1.3.2), treten solche Moleküle beim Einsatz der Chlorsilane $SiCl_4$, $SiHCl_3$ oder SiH_2Cl_2 im erheblichem Maße als Produkte von Neben- oder Simultanreaktionen auf. Dabei handelt es sich nicht nur um heterogene, sondern auch um homogene Reaktionen, von denen wir aber vorerst absehen wollen.

Bei dem für die Homoepitaxie dominierenden Einsatz von Tetrachlorsilan tritt neben der Reaktion

$$SiCl_4(g) + 2\,H_2(g) \rightleftharpoons Si(s) + 4\,HCl(g) \qquad (3\text{-}19)$$

hauptsächlich die Bildung von $SiCl_2$ und $SiHCl_3$ ein [1]. Diese

[1] Der Gleichgewichtspartialdruck von $SiCl_2$ und von $SiHCl_3$ liegt bei 1200°C wesentlich höher als derjenige von $SiCl_4$, der sogar in erster Näherung vernachlässigt werden kann, entsprechend einer sehr großen Gleichgewichtskonstanten der Reaktion (3-19). - Die Bildung von Nebenprodukten hat bei Diffusionsbegrenzung ähnliche Auswirkungen wie eine kleinere Gleichgewichtskonstante der Modellreaktion (3-1) in den Abschn. 3.1 und 3.3, so daß die dort durchgeführten Überlegungen weitgehend anwendbar bleiben.

kann für die Gleichgewichtsberechnungen beispielsweise durch

$$SiCl_4(g) + Si(s) \rightleftharpoons 2\ SiCl_2(g) \qquad (3\text{-}20)$$

sowie durch die Umkehrung der Gleichung (3-14) erfaßt werden. Entsprechend können weitere Spezies (SiH_2Cl_2, SiH_3Cl, SiH_4, SiCl usw., s. z. B. /79,140,149,150/) mit jeweils einer zusätzlichen Gleichgewichtsreaktion einbezogen werden [1].

Die Gleichgewichtspartialdrücke aller Spezies ($P^{x}_{\gamma,e}$) sind in Abhängigkeit von den Input-Partialdrücken und der Temperatur aus thermodynamischen Daten der reinen Spezies zugänglich. Dabei können diese Daten zur Berechnung der Gleichgewichtskonstanten oder auch unmittelbar zur Minimierung der freien Enthalpie des Reaktionssystems verwendet werden, was besonders bei einer großen Anzahl von Spezies günstiger ist /151,152/. Derartige thermodynamische Analysen /79,93,96/ erfordern eine aufwendige Rechentechnik sowie ein hohes Maß an chemisch-thermodynamischer Schulung und auch an chemischer Intuition für die Auswahl der Spezies. Sie sind bei der theoretischen Behandlung zweiseitiger CVD-Prozesse als ein erster Schritt allen denjenigen Untersuchungen vorgelagert, die auch bei einseitigen Prozessen zur Erfassung des Stoffübergangs durchzuführen sind (s. Kap. 1 und 2).

Die resultierenden Gleichgewichts-Partialdrücke gehen in die diffusionsbegrenzte Ablagerungsstromdichte ein. Dabei sind von der ankommenden Stromdichte (3-9) die entgegengerichteten Beiträge von Verbindungen zu subtrahieren, die durch Nebenreaktionen entstehen. Für unser Beispiel gilt also:

---

[1] Die Anzahl der unabhängigen Gleichgewichtsreaktionen liegt also bei gegebenen Spezies fest. Dabei ist die Auswahl der Reaktionsgleichungen, solange keine Aussagen über den kinetischen Mechanismus gemacht werden sollen, willkürlich und in der Literatur nicht einheitlich, was für den Nicht-Chemiker verwirrend sein kann. Beispielsweise ergibt sich durch Linearkombination der Gleichungen (3-19) und (3-20) die Reaktion

$$SiCl_4(g) + H_2(g) \rightleftharpoons SiCl_2(g) + 2\ HCl(g) \qquad (3\text{-}20a)$$

als gleichbereichtigte Alternative zu (3-20) für die Erfassung des Siliziumdichlorids im Gleichgewicht.

$$j_d = k_{t,SiCl_4} (P_{SiCl_4,m} - P_{SiCl_4,e})$$

$$- k_{t,SiCl_2} (P_{SiCl_2,e} - P_{SiCl_2,m}) - \ldots \qquad (3\text{-}21)$$

$$\boxed{j_d \approx k_t \sum_\gamma (P_{\gamma,m} - \sum P^x_{\gamma,e})} \quad . \qquad (3\text{-}21a)$$

Die beiden Summen erstrecken sich über alle Si-haltigen Gasmoleküle SiH_nCl_p ($0 \leqslant n,\ p \leqslant 4$) und werden als mittlerer bzw. als Gleichgewichts-Bilanzdruck des Siliziums bezeichnet. Der letztere bestimmt den analog zur Gleichung (3-15) definierten thermodynamischen Ausbeutefaktor

$$\boxed{f_{th} = 1 - \sum P^x_{\gamma,e} / P_{SiCl_4,i}} \quad . \qquad (3\text{-}22)$$

Er gibt den Bruchteil des $SiCl_4$-Inputs an, der im vollständigen Gleichgewicht zu Si umgesetzt wird, und kann z. B. aus /149.150/ entnommen werden.

Beim Einsatz von Dichlorsilan, der für den Test des RD-Raktors (Abb. 2g) erfolgte /14/, tritt in Gleichung (3-22) $P_{SiH_2Cl_2,i}$ an die Stelle von $P_{SiCl_4,i}$. Bei 1100°C und dem Molenbruch

$$P_{SiH_2Cl_2,i} / P = 0{,}01$$

ist nach /149/ $f_{th} = 0{,}92$. Demgegenüber wird experimentell bis zu diesem Molenbruch eine praktisch hundertprozentige Si-Ausbeute gefunden (entsprechend $f_{th} = \varepsilon/100\% = 1$) und mit Abweichung vom Gleichgewicht begründet. Dies würde eine weitgehende Hemmung der Si-verbrauchenden Nebenreaktionen bei praktisch ungehemmter Gleichgewichtseinstellung für die einseitige Ablagerungsreaktion und damit eine sehr ungewöhnliche Situation erfordern. - Jedenfalls liegt die Ausbeute wesentlich höher als in herkömmlichen Chargenreaktoren. Zur Erklärung reicht der diffusive Stoffübergang mit einer effektiven Diffusionslänge, die in der Größenordnung des halben Scheibenabstandes (vgl. Abschnitt 2.4) und damit bei einigen Millimetern liegt, nicht aus. Zusätzliche, konvektive Stoffübergangsbeiträge treten infolge der Verwirbelung des Gasstroms auf /14/. Unter solchen Bedingungen könnte eine Anwendung der Penetrationstheorie /75,79,118/ weiterführen.

Für Verarmungsberechnungen wurden Simultangleichgewichte erstmals bei den im Abschnitt 2.4 diskutierten Untersuchungen von Manke und Donaghey /115/ berücksichtigt. Bei 1200°C und

$$P_{SiCl_4,i}/P = 0{,}0115 \quad ,$$

also üblichen Homoepitaxie-Bedingungen, wurde $f_{th} = 0{,}7$ /150/ eingesetzt und eine etwa halb so große experimentelle Ausbeute erreicht ($\varepsilon = 35{,}5\%$). Unausgesprochenermaßen vernachlässigen die Rechnungen die Temperaturabhängigkeit von f_{th} sowie mit der Näherung (3-21a) und $k_t = k_{t,SiCl_4}$ auch die Unterschiede zwischen den Stoffübergangskoeffizienten (vgl. Abschnitt 3.3).

Solche Unterschiede sind nach /29,140/ die Ursache für die starken Diskrepanzen zwischen Literaturaussagen über den $SiCl_4$-Partialdruck $(P_{SiCl_4,i})_o$, bei dem der Übergang von der Ablagerung zum Ätzen (mit $j_d < 0$ in Abb. 21) eintritt. Dabei gewinnen die Si-verbrauchenden Simultanreaktionen die Oberhand über die Ablagerungsreaktion (3-19). Wegen der vernachlässigbaren Verarmung ($\sum P_{\gamma,m} \approx P_{SiCl_4,i}$) und der ähnlichen Substrattemperaturen müßte das nach der Näherung (3-21a) unabhängig vom k_t-Wert bei nahezu gleichem

$$(P_{SiCl_4,i})_o = \sum P^x_{\gamma,e}$$

erfolgen. In Abb. 21 treten demgegenüber Unterschiede bis zu einer

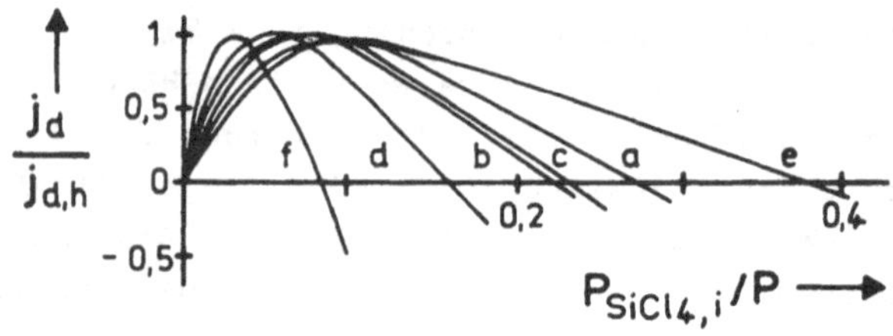

Abb. 21: Experimentelle Si-Ablagerungs- bzw. Ätzrate j_d, bezogen auf den Höchstwert $j_{d,h}$, in Abhängigkeit vom $SiCl_4$-Molenbruch in Kaltwandreaktoren mit unterschiedlichen Strömungsverhältnissen und Substrattemperaturen: a) /8/, 1543 K; b) /153/, 1530 K; c) und d) /154/, 1523 K; e) /155/, 1500 K; f) /156/, 1543 K.

halben Größenordnung auf. Nach /29,140/ ist dafür die Thermodiffusion entscheidend, die im Modell der stagnierenden Grenzschicht analog zu Gleichung (2-61) erfaßt wird durch:

$$j_d = \sum k^{*}_{t,\gamma} P_{\gamma,m} - \sum k^{**}_{t,\gamma} P_{\gamma,e}$$

$$\approx k^{*}_{t,SiCl_4} P_{SiCl_4,i} - \sum k^{**}_{t,\gamma} P_{\gamma,e} \qquad (3\text{-}23)$$

Die Summen erstrecken sich wieder über alle Si-haltigen Spezies. Die individuellen Stoffübergangskoeffizienten, die auch die Oberflächenpartialdrücke $P_{\gamma,e}$ beeinflussen, sind nach Gleichung (2-62) stark von der mittleren Gastemperatur T_m und damit von den Strömungsverhältnissen abhängig. Dies kann die Größenordnung der Unterschiede von $(P_{SiCl_4,i})_o$ für $j_d = 0$ in Abb. 21 erklären /140/.

Jedoch werden alle quantitativen Aussagen, die über derartige Abschätzungen hinausgehen und einen rein heterogenen Reaktionsablauf zugrunde legen, in Frage gestellt durch ramanspektroskopische Befunde /67/, nach denen $SiCl_2$ bereits durch Homogenreaktion aus $SiCl_4$ entsteht [1]. Die Umsetzung nimmt bei Annäherung an das heiße Substrat zu und ist z. B. für $T_s = 1200\,^{o}C$ schon 2 mm vor der Oberfläche praktisch vollständig, so daß $SiCl_2$ hier ein Partialdruckmaximum aufweist und vermutlich den Hauptlieferanten für die Si-Ablagerung darstellt [2].

Angesichts der Schwierigkeiten für die quantitative Berücksichtigung von Homogenreaktionen bei Stoffübergangsprozessen (vgl. Abschnitt 1.5) steht eine exakte Behandlung der Si-Ablagerung in den Chloridsystemen noch aus. Im technologischen Prozeß kommt mit Dotanten und Verunreinigungen die Möglichkeit einer Bildung flüssiger Phasen an der Oberfläche hinzu (Abschnitt 3.1). Dadurch kann die Ablagerungsrate in schwer überschaubarer Weise verändert werden.

3.5 EPITAXIE VON $A^{III}B^{V}$-HALBLEITERN

Auch die klassischen CVD-Prozesse der $A^{III}B^{V}$-Epitaxie verwenden, wie bereits im Abschnitt 1.1.3 erwähnt, Chloride und verlaufen zweiseitig unter Beteiligung von Simultanreaktionen /1,4,6,30,51,62,86,93,96,101,157,158/. Im Unterschied zu den Si-Chloridprozessen ist der Gesamtverlauf exotherm, so daß Heißwandreaktoren (Abschnitt 0.1) einzusetzen sind, um die Wandablagerung nicht zu stark werden zu lassen oder - bei selektiver Epitaxie /159/ - ganz zu vermeiden.

---

1) Dafür kommt die Reaktion (3-20a) in Betracht. Sie wurde in /150/ u. a. zur Diskussion der Verminderung der Ablagerungsrate durch HCl-Zusätze herangezogen, die für die selektive Epitaxie angewandt werden /1,106/.

2) Das gleiche wird unter Verwendung von SiH_2Cl_2 anstelle von $SiCl_4$ bereits bei 800°C gefunden und könnten die Ähnlichkeit der Aktivierungsenthalpien für die reaktionsbegrenzte Ablagerung unter Verwendung der Chlorsilane (s. Abb. 7) erklären. Eine andere, auch die Verhältnisse bei Verwendung von SiH_4 einschließende Erklärungsmöglichkeit liegt in einer Geschwindigkeitsbegrenzung durch die Oberflächendiffusion der Si-Adatome /150/. Sie würde gegenüber Abschnitt 1.3.2 eine Veränderung der Interpretation des Wasserstoffeinflusses beim Silanprozeß erfordern, der auch bei den Chlorsilanprozessen ähnlich ist /24/.

Für die besonders wichtige GaAs-Epitaxie kann als hauptsächliche Ablagerungsreaktion angegeben werden:

$$4\ GaCl(g) + As_4(g) + 2\ H_2(g) \rightleftharpoons 4\ GaAs(s) + 4\ HCl(g) \quad . \qquad (3\text{-}24)$$

Das bei niederen Temperaturen instabile GaCl wird im Reaktor selbst an einer flüssigen Galliumquelle oberhalb der Substrattemperatur erzeugt. Dazu dient entweder $AsCl_3$, wobei sich die Quelle mit festem GaAs bedeckt, oder HCl unter separater Zuführung von AsH_3, das sich bei den industriell angewendeten Ablagerungstemperaturen von 750 - 800°C weitgehend in die Elemente zersetzt.

Zur GaP-Epitaxie kann analog ein Ga:PCl_3/H_2- oder ein Ga/HCl/PH_3/H_2-System verwendet werden. Für die Epitaxie von GaAs-GaP-Mischkristallen werden AsH_3 und PH_3 eingesetzt, da dies eine bessere Steuerung der Gasphasenzusammensetzung ermöglicht. Die kalorischen Daten und damit die Ergebnisse der thermodynamischen Analyse von $A^{III}B^{V}$-Ablagerungssystemen sind wesentlich unsicherer als bei den Si-Chloridsystemen /101,152/ [1]. Demgegenüber sind die reaktionskinetischen Untersuchungen insbesondere beim GaAs /86,96,101,159-162/ weiter gediehen. Vor allem die Unterschiede der reaktionsbegrenzten Ablagerungsrate auf den nur aus Ga- bzw. As-Atomen aufgebauten, polaren Flächen liefern zusätzliche Informationen. Jedoch können noch keine endgültigen Aussagen über die Reaktionsmechanismen gemacht werden.

Industriell wird die epitaktische Ablagerung bei überwiegender Diffusionsbegrenzung vorgenommen. Umfangreiche Berechnungen und Experimente zum diffusionsbegrenzten Stoffübergang im Heißwandreaktor liegen für ein Ga/HCl/As/H_2-System (unter Sublimation von As in einen H_2-Strom) vor /163/. Für das entstehende Input-

---

1) Dennoch wurden wertvolle Aussagen erhalten, insbesondere auch für Mischkristallsysteme. Deren Zusammensetzung in Abhängigkeit von den Partialdrücken wird durch die Gleichgewichtsberechnungen sogar in Fällen richtig vorhergesagt, in denen keine Diffusionsbegrenzung und damit kein Oberflächengleichgewicht vorliegt /158/.

Gasgemisch wird zur Berechnung der Partialdrücke $P_{\gamma,i}$ homogene Gleichgewichtseinstellung (ohne Beteiligung des GaAs) angenommen, wobei sich als die wesentlichen Bestandteile

$$GaCl,\ HCl,\ As_4,\ As_2 \text{ und } H_2$$

ergeben. Letzteres gilt auch für die Gasphase im heterogenen Gleichgewicht mit dem GaAs, deren Partialdrücke $P^x_{\gamma,e}$ ohne Berücksichtigung der Unterschiede in den Stoffübergangskoeffizienten berechnet werden (vgl. Abschnitt 3.3). Unter Vernachlässigung des Beitrages der As_2-Moleküle zum Stoffübergang wird eine mittlere Ablagerungsstromdichte nach

$$j_d = 4\,k_{t,As_4}\,(P_{As_4,i} - P^x_{As_4,e}) \qquad (3\text{-}25)$$

erhalten [1]. Sie stimmt gut mit Werten überein, die in einer isothermen Ablagerungszoge von wenigen Zentimetern Länge gemessen wurden. Die hier vernachlässigbare Reaktantenverarmung könnte für industrielle Anwendungsfälle mit in die Rechnungen einbezogen werden, bei denen unmittelbar von den Bilanzgleichungen ausgegangen wird /163/. Demgegenüber verwendet eine neuere Arbeit /164/ zur Berechnung ortsabhängiger Ablagerungsraten im System $Ga/AsCl_3/N_2$ die laminare Grenzschicht-Theorie, die zur Beschreibung der Verhältnisse in Chargenreaktoren nicht

---

1) Vgl. Gleichung (3-24) sowie Abschnitt 1.4.2 zu Gleichung (1-46) und (1-47). - Wegen des kleineren Diffusionskoeffizienten von As_4 gegenüber GaCl ist

$$4\,k_{t,As_4}\,(P_{As_4,i} - P^x_{As_4,e}) < k_{t,GaCl}\,(P_{GaCl,i} - P^x_{GaCl,e}).$$

Eine konsequentere Näherung für die Ablagerungsrate würde sich mit iterativ berechneten Oberflächenpartialdrücken $P_{\gamma,e}$ (s. Abschnitt 3.3) in

$$j_d = 4\,k_{t,As_4}\,(P_{As_4,i} - P_{As_e,e}) = k_{t,GaCl}\,(P_{GaCl,i} - P_{GaCl,e})$$

ergeben. Der hierfür erforderliche Rechenaufwand wird jedoch angesichts der übrigen Unsicherheiten nicht als lohnend erachtet /163/.

ausreicht (s. Abschnitt 2.4.3).

Stets treten bei der Ablagerung von Verbindunghalbleitern - als zusätzliche Komplikation gegenüber den Elementhalbleitern - Stöchiometrieabweichungen im Festkörper auf, die von der Gasphasenzusammensetzung abhängen. Die zugehörigen Eigenstörstellenkonzentrationen können in der Größenordnung der üblichen Verunreinigungs- bzw. Dotierungskonzentration liegen, die ihrerseits von den Stöchiometrieabweichungen beeinflußt werden. Es ergeben sich wichtige Auswirkungen auf die elektronischen Eigenschaften der Epitaxieschichten, wobei aber Eigen- und Fremdstörstelleneinflüsse schwer zu trennen sind. Die letzteren können einfacher für Elementhalbleiter behandelt werden, was deshalb im Kapitel 4 zuerst erfolgt.

4. DOTIERUNG UND STÖCHIOMETRIEPROBLEME

Für die praktische Anwendung werden Halbleiter-Epitaxieschichten, auf die sich dieses Kapitel konzentriert, stets in dotierter Form abgelagert. Dabei können Leistungsbauelemente drei oder vier unterschiedlich dotierte Si-Epitaxieschichten übereinander erhalten, während in den integrierten Schaltkreisen der Epitaxie-Technik nur eine oder auch zwei Schichten auftreten. Auch polykristallines Si sowie amorphe Isolatorschichten werden nicht selten bei der Ablagerung dotiert. Die Verhältnisse sind dabei noch schwerer überschaubar als bei der Epitaxie, ohne daß sich die grundlegenden Ansätze ändern, die im folgenden behandelt werden.

Gegenüber der Ablagerung des Grundmaterials (A oder AB) besteht das Neue bei der Dotierung mit Fremdatomen (F) darin, daß diese nicht mit dem Atom-Anbau an Wachstumsstellen der Festkörperoberfläche beendet ist. Als weitere Prozesse sind die Bedeckung mit Grundmaterialatomen (und damit deren Ablagerungsstromdichte j_d), die Dissoziation der F-Atome in Ionenrümpfe und elektronische Ladungsträger sowie Diffusionsprozesse im Festkörper mitbestimmend für die Dotierungskonzentration [F] . Diese stellt sich als Ergebnis der Dotierungsstromdichte j_f ein, wobei gilt:

$$\frac{j_f}{j_d} = \frac{\text{eingebaute F-Atomzahl}}{\text{abgelagerte A-Atomzahl}} = \frac{[F]}{[A]} \ll 1 \ .$$

Die A-Atomkonzentration [A] liegt in der Größenordnung von 10^{22} bis $10^{23}cm^{-3}$ und ändert sich durch die um mehrere (4 bis 8) Größenordnungen geringere Dotierungskonzentration praktisch nicht. Mit Gleichung (1-17) folgt

$$\boxed{j_f = [F] \cdot \dot{L}} \quad . \tag{4-1}$$

Im allgemeinen hängt die Dotierungskonzentration ihrerseits von der Ablagerungsrate $\dot{L}$ ab, was am Beispiel der Si-Dotierung im Abschnitt 4.1 untersucht wird. Bei Verbindungen (Abschnitt 4.2) tritt die Abhängigkeit der Dotierungskonzentration vom Mengenverhältnis der Verbindungsbestandteile in der Gasphase hinzu. Es beeinflußt den mit Hilfe des Gleichgewichtspartialdruckes $p_{F,e}$ der F-Atome über der festen Lösung definierten, "atomaren" Verteilungskoeffizienten

$$\boxed{K_V = \frac{[F]}{p_{F,e}}} \quad . \tag{4-2}$$

Dies ist die zentrale, zusätzliche Größe, die wir zur Diskussion der Dotierung verwenden.

4.1 DOTIERUNG BEI DER ABLAGERUNG VON ELEMENTHALBLEITERN

Die bereits bei der Ablagerung des Grundmaterials bereitsgestellten, kinetischen und gleichgewichtsthermodynamischen Ansätze werden im Abschnitt 4.1.1 auf die Dotierung übertragen. Dabei wird ein - bei gegebenen Lösungspartnern und gegebener Temperatur - konstanter Verteilungskoeffizient K_V in Gleichung (4-2) vorausgesetzt, die erst im Abschnitt 4.1.2 näher begründet wird. Dort ergeben sich aus der Störstellenionisation bzw. der Diffusionshemmung im Festkörper Änderungsmöglichkeiten von K_V mit dem Gleichgewichtspartialdruck $P_{F,e}$ bzw. mit der Ablagerungsrate $\dot{L}$, die nachträglich berücksichtigt werden. – Bis dahin erfolgt eine Beschränkung auf eindimensionale Betrachtungen, die dann im Abschnitt 4.1.3 bei der Diskussion der Dotierungshomogenität fallengelassen wird.

4.1.1 Stoffübergang, Oberflächenprozesse und Dotanteneinbau

Die für die Si-Epitaxieschichten verwendeten Dotierungselemente Phosphor, Arsen oder Bor werden dem Reaktionsgas in Form ihrer Hydride PH_3, AsH_3 oder B_2H_6 zugemischt. Der Gasphasenzerfall der monomeren Hydride sei allgemein wiedergegeben durch

$$FH_3(g) \rightleftharpoons F(g) + \frac{3}{2} H_2(g) \qquad \text{mit}$$

$$\frac{P_{F,e} \; P_{H_2,e}^{3/2}}{P_{3,e}} = K_G \tag{4-3}$$

als Gleichgewichtskonstante. Wenn der Zerfallsprozeß erst an der Oberfläche stattfindet (katalytisch oder thermisch im Kaltwandreaktor), ist die stationäre Dotierungsstromdichte gleich der ankommenden Diffusionsstromdichte (vgl. Gleichung (3-4)):

$$j_f = - j_{3,s} = k_t \, (P_{3,m} - P_{3,s}) \quad . \tag{4-4}$$

Gasförmige Nebenprodukte mit entgegengerichteten Diffusionsstromdichten bleiben damit zunächst ausgeschlossen. – Für die Geschwindigkeit der Oberflächenprozesse machen wir in Analogie zu Gleichung (3-8) den linearen Ansatz

$$j_f = k_H \, (P_{3,s} - P_{3,e}) \quad . \tag{4-5}$$

Das entspricht dem Vorgehen von Reif et al. /165/ bei der Behandlung der As-Dotierung von Si, die unter Vereinzelung in die seriellen Schritte der Adsorption und des Zerfalls von AsH_3 sowie der Oberflächendiffusion mit anschließendem Anbau der As-Adatome an die Wachstumsstellen erfolgt (vgl. Abschnitt 1.3.2). Jedoch sind solche Einzelschritte der experimentellen Untersuchung noch nicht zugänglich.

Durch Eliminierung von $P_{3,s}$ aus den Gleichungen (4-4) und (4-5) ergibt sich

$$j_f = \frac{P_{3,m} - P_{3,e}}{\frac{1}{k_t} + \frac{1}{k_H}} \tag{4-6}$$

immer noch in Analogie zur Ablagerung des Grundmaterials A (Gleichung (3-8a)). Während jedoch der Gleichgewichtsdruck $P_{AX,e}$ und damit die Ablagerungsrate $\dot{L}$ praktisch unabhängig von j_f ist (entsprechend einem nahezu konstanten A-Dampfdruck), ändert sich $P_{3,e}$ und folglich j_f mit $\dot{L}$ (entsprechend der Variation von $P_{F,e}$). Daher empfiehlt es sich, $P_{3,e}$ mit Hilfe der Gleichungen (4-1) bis (4-3) zu eliminieren, so daß sich ergibt:

$$j_f = \frac{P_{3,m}}{\frac{1}{k_t} + \frac{1}{k_H} + \frac{1}{\dot{L}K_F}} \,. \tag{4-7}$$

Die Größe

$$K_F = K_G \, K_V \, P_{H_2,e}^{-3/2} \tag{4-8}$$

liegt bei konstantem K_V und Überschuß des Produktes H_2 mit dem Totaldruck $P \approx P_{H_2,e}$ praktisch fest (vgl. Abschnitt 3.1). Im Ersatzschaltbild der Abb. 22 geht sie in den Widerstand

$$R_o = 1/(\dot{L}K_F)$$

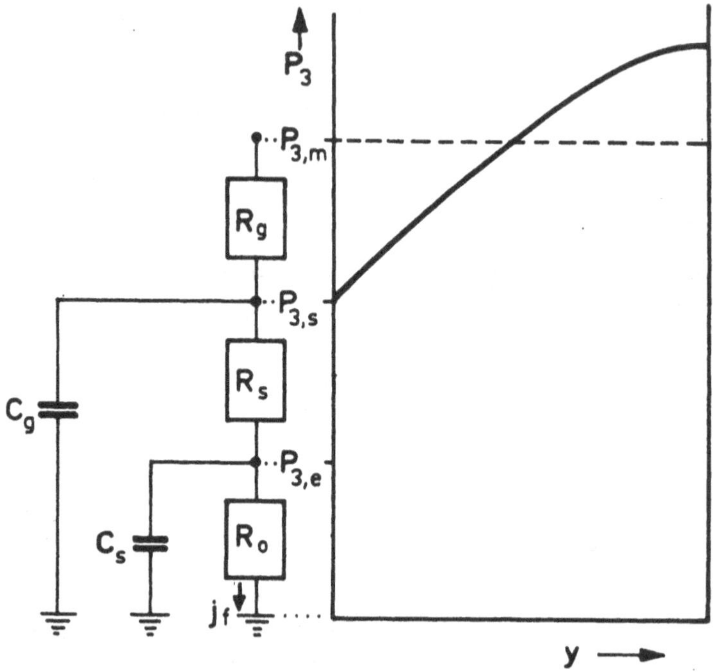

Abb. 22: Verlauf des Partialdrucks P_3 eines Dotierungsstoffes FH_3 senkrecht zur Oberfläche. Im Ersatzschaltbild sind für die stationäre Dotierungsstromdichte j_f der Stoffübergangswiderstand R_g, der Oberflächenreaktionswiderstand R_s und der von der Ablagerungsrate sowie von thermodynamischen Größen abhängige Widerstand R_o maßgebend. Im instationären Fall sind zusätzlich die Kapazitäten C_g und C_s zu berücksichtigen /165/. Bei der Bildung von Nebenprodukten im Oberflächengleichgewicht tritt der F-Bilanzdruck an die Stelle von P_3 /167/.

ein, an dem das "Potential" von $P_{3,e}$ auf Null abfällt und der mit dem Bedeckungsvorgang der angebauten F-Atome durch das Grundmaterial verbunden ist /165/. Er tritt zusätzlich zu den Widerständen

$$R_g = 1/k_t \quad \text{und} \quad R_s = 1/k_H$$

für die Gasphasendiffusion und die Oberflächenprozesse auf, wenn als Gesamt-Potential $P_{3,m}$ anstelle der Differenz $P_{3,m} - P_{3,e}$ aus Gleichung (4-6) verwendet wird.

Für die Dotierungskonzentration als die entscheidende Größe folgt mit Gleichung (4-1):

$$[F] = \frac{R_o}{R_g + R_s + R_o} K_F P_{3,m} \quad . \qquad (4\text{-}9)$$

In Abb. 23 liefert der entsprechende Verlauf (1) von $[F]/P_{3,m}$ bei verschwindender Ablagerungsrate mit $R_o \gg (R_g + R_s)$ den

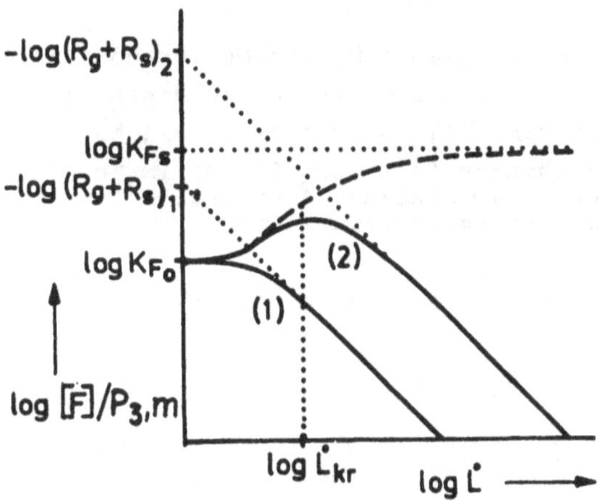

Abb. 23: Abhängigkeit der Dotierungskonzentration [F] von der Ablagerungsrate $\dot{L}$: (1) für konstantes $K_F = K_{Fo}$ (Beispiel: [As] in Si /165/ mit $R_s \gg R_g$) : (2) für $\dot{L}$-abhängiges K_F (Beispiel: [P] in Si /170/ mit $R_s \ll R_g$).

Gleichgewichtswert K_F. Der zugehörige Partialdruckverlauf ist schematisch in Abb. 24a gezeigt.

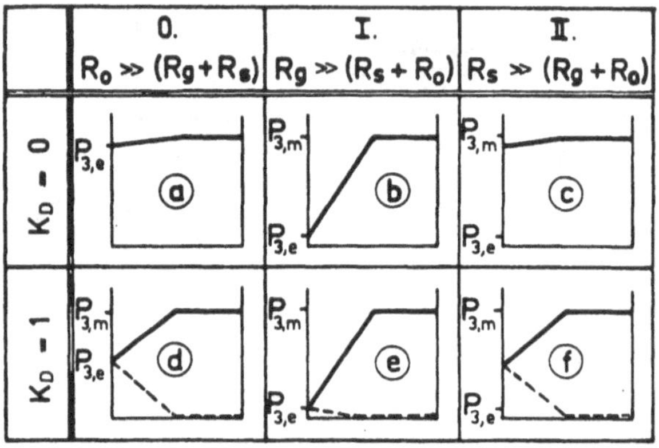

Abb. 24: Partialdruckverläufe P_3 von Dotierungsstoffen FH_3 (ausgezogen) sowie P_2 von deren Dissoziationsprodukten FH_2 (gestrichelt) für unterschiedliche Approximationen der Gleichungen (4-9) und (4-14) im Modell der stagnierenden Grenzschicht. Abszisse: Ortskoordinate senkrecht zur Festkörperoberfläche.

Für sehr hohe Ablagerungsraten wird die Dotierungskonzentration mit

$$R_o \ll (R_g + R_2)$$

umgekehrt proportional zur Ablagerungsrate, wobei sich in der doppeltlogarithmischen Abb. 23 durch lineare Extrapolation auf die Ordinate $R_g + R_s$ ergibt. Es können die beiden Sonderfälle der Diffusionsbegrenzung ($R_g \gg R_s$) und der Reaktionsbegrenzung ($R_g \ll R_s$) unterschieden werden, entsprechend den Partialdruckverläufen in Abb. 24b und c. In Analogie zu den einseitigen Ablagerungsprozessen des Grundmaterials wird hier der Gleichgewichtspartialdruck $P_{3,e}$ und bei Diffusionsbegrenzung auch der

Oberflächenpartialdruck $P_{3,s}$ nahezu Null.

Im Modell der stagnierenden Grenzschicht, das der Abb. 24 vereinfachend zugrundgelegt wurde, könnte die Thermodiffusion analog zum Abschnitt 2.5.2 durch eine Modifizierung der drei Widerstandswerte berücksichtigt werden. Beispielsweise führt das bei verschwindender Ablagerungsrate auf den verkleinerten Wert

$$[F]/P_{3,m} = K_F \, k_t^{*} / k_t^{**} \qquad (4\text{-}9a)$$

(vgl. Gleichung (2-62)). Man kann unter diesen Umständen nicht, wie das häufig geschieht, von einer rein gleichgewichtsthermodynamisch bedingten Dotierungskonzentration sprechen. - Im folgenden bleibt die Thermodiffusion im Interesse einer geschlosseneren Darstellung der Ergebnisse wieder unberücksichtigt. Sie kann jedoch gewisse Unterschiede der Dotierungskonzentrationen, die bei unterschiedlichen Temperaturgradienten in Kaltwandreaktoren gemessen werden, hervorrufen. Insbesondere sind auch Unterschiede gegenüber den bei der Diffusionsdotierung (also bei $\dot{L} = 0$) in Heißwand-Diffusionsöfen gemessenen Gleichgewichtskonzentrationen /97/ zu erwarten.

Einbeziehung von Nebenprodukten

Ebenso wie bei zweiseitigen Ablagerungsprozessen (Abschnitt 3.4) ist bei der Dotierung aufgrund der thermodynamischen Analyse der Gasphasengleichgewichte mit Nebenprodukten zu rechnen, die sich allerdings wegen der um Größenordnungen geringeren Partialdrücke der fremdatomhaltigen Spezies dem direkten Nachweis entziehen. Falls die Nebenprodukte bereits im Inneren der Gasphase gebildet werden, treten wieder unübersichtliche Verhältnisse auf. Das Grundsätzliche läßt sich unter der Annahme behandeln, daß erst an der Oberfläche eine ungehemmte Einstellung des Gasphasengleichgewichtes erfolgt. Eine wichtige Rolle spielt dabei die Dissoziationsreaktion

$$FH_3(g) \rightleftharpoons FH_2(g) + \tfrac{1}{2} H_2(g) \qquad \text{mit}$$

$$\frac{P_{2,s}}{P_{3,s}} = \frac{K_D^{*}}{P_{H_2,s}^{1/2}} = K_D \qquad (4\text{-}10)$$

bei H_2-Oberschuß ($P_{H_2,s} \approx P$). Unter Si-Epitaxiebedingungen haben $P_{2,s}$ und $P_{3,s}$ vergleichbare Werte. Diese überwiegen beim Arsen gegenüber den Partialdrücken anderer, As-haltiger Spezies /165/. Das entsprechende gilt auch beim Phosphor, solange der PH_3-Input-Partialdruck nicht zu hoch wird, während sonst P_2-Moleküle über die Hydride dominieren /166/ und durch eine Verallgemeinerung der nachfolgenden Betrachtungen mit erfaßt werden können.

Für die Oberflächenprozesse läßt sich die Beteiligung von FH_2 nach Abb. 25 durch einen Widerstand $R_{2,s} = (k_{H,2} K_D)^{-1}$ parallel zu $R_{3,s} = k_{H,3}^{-1}$ berücksichtigen. Mit einem modifizierten

$$k_H = k_{H,2} K_D + k_{H,3} \qquad (4\text{-}11)$$

in Gleichung (4-5) entspricht das einer Verallgemeinerung der Ansätze von Reif et al. /165/. Darüber hinaus muß aber die von der Oberfläche weggerichtete FH_2-Diffusionsstromdichte $j_{2,s}$, die zu erheblichen Dotantenverlusten führen kann, berücksichtigt werden. Bei Vernachlässigung des Unterschiedes der Stoffübergangskoeffizienten kann dies in Analogie zu Gleichung (3-21a) durch die Verwendung des F-Bilanzdruckes ($P_3 + P_2$) geschehen. Unter der am Reaktoranfang gültigen Voraussetzung $P_{2,m} \approx 0$ ist Gleichung (4-4) zu ersetzen durch

$$\begin{aligned} j_f = - j_{3,s} - j_{2,s} &= k_t\Big(P_{3,m} - (P_{3,s} - P_{2,s})\Big) \\ &= k_t\Big(P_{3,m} - (1 + K_D)\, P_{3,s}\Big). \end{aligned} \qquad (4\text{-}12)^{1)}$$

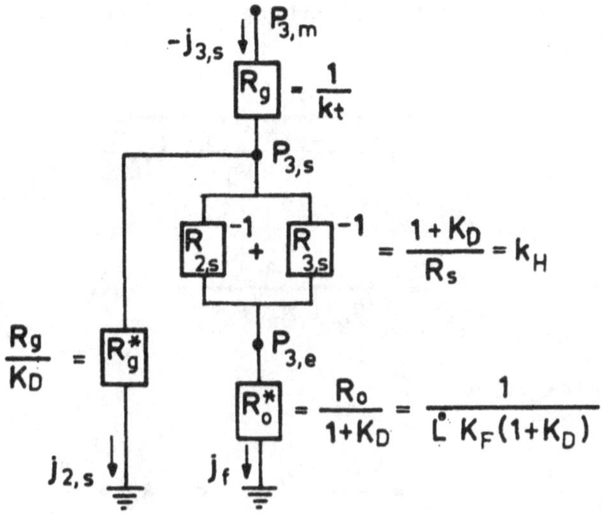

Abb. 25: Erweitertes Ersatzschaltbild für den Dotierungsprozeß bei Bildung eines gasförmigen Nebenproduktes mit der Gleichgewichtskonstanten K_D und der Diffusionsstromdichte $j_{2,s}$.

In Abb. 25 ist

$$j_{2,s} = P_{3,s}/R_g^*$$

durch den geerdeten Nebenschluß berücksichtigt. Mit der gegenüber Gleichung (4-8) erweiterten Definition

$$\boxed{K_F = \frac{K_G\ K_V}{P_{H_2,e}^{3/2}\ (1+K_D)}} = \frac{K_G\ K_V}{P_{H_2,e}^{3/2} + P_{H_2,e}\ K_D} \tag{4-13}$$

---

1) Verallgemeinernd kann der mittlere F-Bilanzdruck $P_{f,m}$ (= $P_{3,m} + P_{2,m} + 2\ P_{F_2,m} + \ldots$) an die Stelle von $P_{3,m}$ sowie $P_{f,s}/P_{3,s}$ an die Stelle von $1 + K_D$ gesetzt werden /167/.

resultiert der gegenüber Gleichung (4-7) erweiterte Ausdruck:

$$j_f = \frac{p_{3,m}}{\frac{1}{k_t} + \frac{1 + K_D}{k_H} + \frac{1}{\dot{L}K_F}}$$

$$= \frac{p_{3,m}}{R_g + R_s + R_o} \quad . \qquad (4\text{-}14)$$

Mit den Widerständen

$$R_g = \frac{1}{k_t} \quad , \quad R_s = \frac{1 + K_D}{k_H} \quad \text{und} \quad R_o = \frac{1}{\dot{L}K_F} \qquad (4\text{-}14a)$$

kann die ursprüngliche Ersatzschaltung in Abb. 22 sowie die grundlegende Gleichung (4-9) für die Dotierungskonzentration beibehalten werden. Für $K_D = 1$, entsprechend einer mittleren Lage des Dissoziationsgleichgewichts bei Atmosphärendruck, resultieren in den bereits zu Abb. 24a-c diskutierten Sonderfällen die Partialdruckverläufe der Abb. 24d-f. Diese Sonderfälle (O, I und II) werden nachfolgend behandelt.

Mit Gleichung (4-13) ergibt sich, daß der Grenzwert K_F der Dotierungskonzentration bei verschwindender Wachstumsrate wesentlich durch die Nebenproduktbildung mitbestimmt wird. Dies gilt ebenso für die Temperaturabhängigkeit und damit für die energetischen Größen des Dotanteneinbaus, die am Beispiel des Phosphors im Si eingehend diskutiert wurden /168,169/. Hier liegen auch Ursachen für die Dotierungsunterschiede zwischen dem Silan- und den Siliziumchlorid-Prozessen unter Verwendung des gleichen Dotanten, wobei die am Ende des Abschnitts 3.4 erwähnten Komplikationsmöglichkeiten durch Flüssigkeitsschichten zu beachten sind.

Für hohe Ablagerungsraten ergibt sich im Falle der Diffusionsbegrenzung sowohl der Dotierungs- als auch der Ablagerungsstromdichte beim Silanprozeß mit Gleichung (1-40a):

$$[F] = \frac{k_t}{\dot{L}} P_{3,m} = [Si] \frac{k_t}{k_{t,SiH_4}} \frac{P_{3,m}}{P_{SiH_4,m}} . \qquad (4\text{-}15)$$

Dieser Fall [1] ist im linearen Bereich der Abb. 23 bei der P-Dotierung weitgehend realisiert /29,166/. Dagegen liegt $[F]/P_{3,m}$ bei der As-Dotierung in diesem Bereich wesentlich niedriger. Die As-Konzentrationen nehmen mit steigender Temperatur stark ab [2], während sie nach Gleichung (4-15) wegen der geringen und ähnlichen Temperaturabhängigkeit der Diffusionskoeffizienten von SiH_4 und AsH_3 bzw. AsH_2 nahezu konstant bleiben müßten. Außerdem ändern sie sich mit der Substratorientierung. Diese Befunde lassen auf eine Begrenzung durch Oberflächenprozesse schließen /165,171/, für die sich mit Gleichung (4-11) ergibt:

$$[F] = \frac{k_H}{\dot{L}\ (1 + K_D)} P_{3,m}$$

$$= \frac{k_{H,2} K_D + k_{H,3}}{\dot{L}\ (1 + K_D)} P_{3,m} \qquad (4\text{-}16)$$

Zum Druckeinfluß

Für geringe Ablagerungsraten ergibt sich mit Gleichung (4-13) und $P_{H_2,e} \approx P$:

---

[1] Das gleiche galt bei Diffusionsbegrenzung bereits für $K_D = 0$. Die intermediäre Bildung von FH_2 macht sich hier nicht bemerkbar, weil praktisch alle auf der Oberfläche ankommenden FH_3-Moleküle zur Dotierungskonzentration beitragen (vgl. Abb. 24b und e)

[2] Das schließt auch die Geschwindigkeitsbegrenzung durch eine gehemmte Einstellung des Dissoziationsgleichgewichtes (4-10) in der Gasphase aus, die als aktivierter Prozeß eine Zunahme von $[F]$ mit der Temperatur bewirken müßte /165/.

$$[F] = \frac{K_G\, K_V}{P^{3/2} + P\, K_D^{*}}\; P_{3,m} \quad . \qquad (4\text{-}17)$$

Hiermit ist der Anfangsteil des Verlaufs von [As] bei Druckminderung erklärbar, während die in /24/ gegebene Begründung durch Diffusionsbegrenzung (s. Gleichung (4-15) und (1-15)) nach den oben zitierten Ergebnissen /165/ nicht zutreffen kann. Bei weiterer Druckminderung wird schließlich $[As] \propto P^{-1/2}$. Die Erklärung hierfür ist noch offen [1)].

Instationäres Verhalten

Gegen einen begrenzenden Einfluß der Gasphasendiffusion sprechen im Falle des Arsens auch Untersuchungen der Konzentrationsprofile in der Epitaxieschicht nach abrupter Änderung des AsH_3-Inputpartialdrucks /165,171/.

Die Diffusionszeit, die für das zeitliche Ansprechen des Oberflächenpartialdrucks auf eine solche Änderung maßgebend ist, läßt sich mit dem Modell der stagnierenden Grenzschicht nach $t = \delta_{st}^{2}/D$ abschätzen und liegt bei 10^{-1} s. In dieser Größenordnung müßten bei Diffusionsbegrenzung auch die Zeitkonstanten τ

---

1) In diesem Druckbereich liegt Reaktionsbegrenzung der Ablagerungsrate mit

$$\dot{L} \propto P_{SiH_4,m}\, P^{-1/2} = x_{SiH_4,m}\, P^{1/2}$$

vor (s. Abschn. 1.4.1), was mit Adsorptionsgleichgewichten für SiH_4 und H_2 nach Gl. (1-31) begründet wurde /24/. Analog wurde für AsH_3 ein Adsorptionsgleichgewicht mit $k_{H,3} \propto P^{-1/2}$ angenommen. Bei konstantem Molenbruch $x_{SiH_4,m}$ führt das jedoch mit Gl. (4-16) und $K_D = 0$ nicht auf $[As] \propto P^{-1/2}$, sondern auf $[As] \propto P^{-1}$. Auch bei Mitberücksichtigung von AsH_2 liefert die Annahme eines vorgelagerten Adsorptionsgleichgewichtes nicht den experimentellen Verlauf der As-Konzentration im Bereich kleiner Drücke.

der Wiedereinstellung einer stationären Dotierungskonzentration liegen, für die sich jedoch aus der gemessenen Ortsabhängigkeit von [As] einige Minuten ergeben. Folglich sind wieder die Oberflächenprozesse maßgebend, worauf auch eine Abnahme von τ mit steigender Ablagerungsrate hinweist.

Zur Diskussion kann die Ersatzschaltung in Abb. 22 dienen, in der C_s bzw. C_g Speicher für den Dotanten auf der Oberfläche bzw. in der Gasphase unmittelbar über der Oberfläche repräsentieren. Während bei Diffusionsbegrenzung

$$\tau \approx C_g R_g$$

zu erwarten wäre, ergibt sich experimentell bei niedrigen Ablagerungsraten

$$\tau \approx C_s R_s$$

und bei hohen Ablagerungsraten

$$\tau \approx C_s R_o \quad ,$$

also umgekehrte Proportionalität der Zeitkonstanten zu $\dot{L}$. - Derartigen, dynamischen Untersuchungen von CVD-Dotierungsprozessen ist eine breitere Anwendung zu wünschen.

4.1.2 Halbleiterelektronische Einflüsse

Im folgenden werden die am Anfang dieses Kapitels 4 erwähnten Einflüsse der Störstellen-Ionisation und -Diffusion bei der Dotierung skizziert. Dazu wird die international übliche Störstellensymbolik von Kröger /172/ verwendet und auf die einführende Darstellung /97/ verwiesen. - Für den Einbau einer F-Störstelle in neutraler Form (F^x) gilt

$$F(g) \rightleftharpoons F^x \qquad \text{mit}$$

$$\boxed{\frac{[F^x]}{P_{F,e}} = K_H} \qquad (4\text{-}18)$$

als Massenwirkungsgesetz, das dem Henryschen Gesetz für die feste Lösung entspricht. Im Falle von Donatoren (P oder As in Si) erfolgt die Dissoziation in positive Ionen $F^{\bullet}$ und Leitungsbandelektronen e' nach

$$F^x \rightleftharpoons F^{\bullet} + e' \qquad \text{mit}$$

$$\boxed{\frac{[F^{\bullet}]\, n}{[F^x]} = K_d} \qquad (4\text{-}19)$$

als Massenwirkungsgesetz (n = Elektronenkonzentration). Bei Gültigkeit der Elektroneutralitätsbedingung $n = [F^{\bullet}] + p$ (p = Defektelektronenkonzentration) folgt mit der Inversionsdichte $n_i = np$ für die Totalkonzentration der Störstellen (vgl. /97/):

$$[F] = [F^x] + [F^{\bullet}]$$
$$= K_H\, P_{F,e}\left(1 + \frac{K_d}{(n_i^2 + K_d K_H P_{F,e})^{1/2}}\right). \qquad (4\text{-}20)$$

Nur bei sehr großem $P_{F,e}$, d. h. bei sehr hohem Dotantenangebot aus der Gasphase (nahe der Löslichkeitsgrenze im Festkörper), können die neutralen Störstellen mit

$$[F^x] \approx K_H P_{F,e} \approx [F]$$

dominieren, und in Gleichung (4-2) wird

$$K_v \approx K_H .$$

Bei Verminderung von $P_{F,e}$ wird demgegenüber $[F] \approx [F^{\bullet}]$, und es gilt zunächst

$$n \approx [F^\bullet] \approx (K_d K_H P_{F,e})^{1/2} \approx K_v P_{F,e} \; . \qquad (4\text{-}20a)$$

d. h. K_v wird partialdruckabhängig. Jedoch stellt auch dieser Fall der Störhalbleitung bei CVD-Prozessen noch eine Ausnahme dar, die (z. B. für Phosphor in Si /166/) nur bei relativ großem $P_{F,e}$ bzw. ungewöhnlich niedriger Ablagerungstemperatur [1] beobachtet wird. Normalerweise ist der Halbleiter bei der Ablagerung eigenleitend mit

$$n \approx n_i \approx (K_d K_H P_{F,e})^{1/2} \qquad \text{und}$$

$$\boxed{K_v \approx \frac{K_d K_H}{n_i}} \; . \qquad (4\text{-}21)$$

Der Verteilungskoeffizient ist also wieder partialdruckunabhängig, aber gegenüber dem bei dominierenden Neutralstörstellen gültigen Wert K_H um den Faktor K_d/n_i vergrößert.

Da K_d und n_i sowie die in Gleichung (4-13) mit eingehenden Gasgleichgewichtskonstanten K_G und K_D auf unabhängigem Wege erhältlich sind, kann die (reziproke) Henry-Konstante K_H aus dem bei kleinen Ablagerungsraten gemessenen K_F berechnet werden. Bei der Gegenüberstellung mit theoretisch ermittelten Werten (s. z. B. /169/) ist jedoch der Einfluß der Thermodiffusion zu beachten, der besonders beim Eintreten von Homogenreaktionen im Inneren der Gasphase schwer berechenbar ist (vgl. Gleichung (4-9a) und Abschnitt 3.4).

Einflüsse der Störstellendiffusion

Die bisher über die Störstellenkonzentrationen gemachten Aus-

---

[1] n_i und in geringerem Maße auch K_d nehmen mit fallender Temperatur ab, während K_H stärker zunimmt /169/.

sagen gelten für den elektroneutralen Halbleiter im Falle einer vollständigen Gleichgewichtseinstellung mit den Gasatomen. Zwischen dem neutralen, inneren Halbleitergebiet und der Oberfläche befindet sich jedoch eine schmale Raumladungsrandschicht, die die stets vorhandenen Oberflächenladungen kompensiert. Hier muß anstelle der Neutralitätsbedingung die Poisson-Gleichung zur Berechnung der Gleichgewichtskonzentrationen verwendet werden /97/.

Bei einer positiven Raumladung, die in phosphordotiertem Si gefunden wurde und die den Normalfall darzustellen scheint /29,170/, ergibt sich die in Abb. 26 schematisch gezeigte Situation.

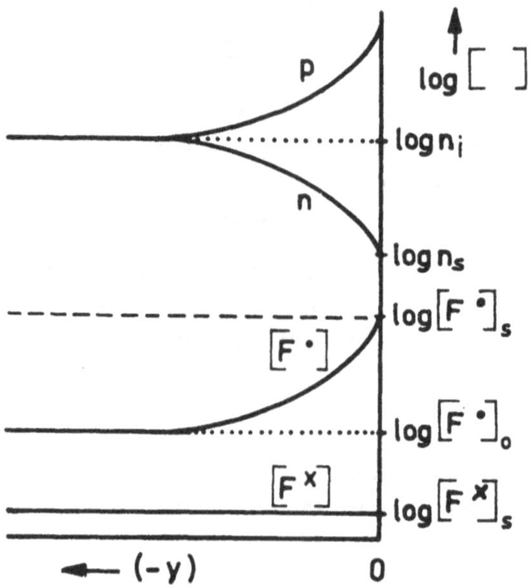

Abb. 26: Ortsabhängigkeit von Konzentrationen senkrecht zur Festkörperoberfläche (bei y = 0) in einer Elektronenverarmungs-Randschicht bei vollständigem Gleichgewicht.

Während die Elektronenkonzentration zur Oberfläche hin abfällt, nimmt die Defektelektronenkonzentration und die Konzentration der ionisierten Störstellen, die im Inneren den Wert $[F]_o$ hat, zu [1]. Wegen ihrer geringen Dicke fällt die Randschicht für die mittlere Konzentration kaum ins Gewicht, so daß die resultierende Totalkonzentration

$$[F] \approx [F^{\bullet}] \approx [F^{\bullet}]_o$$

gesetzt werden kann. Der zugehörige Verteilungskoeffizient K_{vo} ist durch Gleichung (4-21) gegeben.

Vollständige Gleichgewichtseinstellung kann jedoch nur eintreten, solange sich keine Hemmung für die Diffusion der Störstellen durch die Randschicht bemerkbar macht, d. h. solange die Ablagerungsrate $\dot{L}$ hinreichend gering ist. Mit wachsendem $\dot{L}$ wird die Diffusionshemmung zunehmend wirksam, bis die Störstellen schließlich völlig fixiert bleiben und eine ortsunabhängige Konzentration

$$[F^{\bullet}] \approx [F^{\bullet}]_s$$

auftritt, entsprechend dem horizontal gestrichelten Verlauf in Abb. 26. Der zugehörige Höchstwert von K_v ist mit Gleichung (4-2):

$$K_{vs} = \frac{[F^{\bullet}]_s}{P_{F,e}} \quad . \tag{4-22}$$

Das lokale Störstellenionisationsgleichgewicht bleibt erhalten, d. h. es gilt nach wie vor Gleichung (4-19), wobei jetzt $[F^{x}]$ zusammen mit n ortsabhängig geworden ist und Gleichung (4-18) nur noch für $[F^{x}] = [F^{x}]_s$ an der Oberfläche gilt. Diese Situation, in der das Oberflächengleichgewicht für die Totalkonzentration

$$[F] \approx [F^{\bullet}]_s$$

---

1) Dem entspricht eine Verbiegung der Energiebänder nach oben und eine Verschiebung des Ferminiveaus aus der Mitte der verbotenen Zone (Breite E_g) in die untere Hälfte bis auf etwa $\frac{1}{3} E_g$ oberhalb des Valenzbandes /29,170/.

bestimmend ist, tritt für Ablagerungsraten ein, die genügend weit oberhalb eines kritischen Wertes $\dot{L}_{kr}$ liegen. Der allgemeine Fall kann durch die Gleichung

$$[F] \approx [F^{\bullet}] = [F^{\bullet}]_o + ([F^{\bullet}]_s - [F^{\bullet}]_o) \exp(-\dot{L}_{kr}/\dot{L}) \qquad (4\text{-}23)$$

beschrieben werden /170,173/. Mit dem Ansatz

$$\dot{L}_{kr} = D/d^{*} \quad ,$$

in dem D den Störstellen-Diffusionskoeffizienten und d^{*} eine effektive Diffusionsstrecke darstellt /174/, ergibt sich für diese im Beispiel der Phosphordiffusion etwa der doppelte Si-Atomabstand /29/.

Aus Gleichung (4-23) folgt für den Verteilungskoeffizienten in Gleichung (4-2):

$$\boxed{K_v = K_{vo} + (K_{vs} - K_{vo}) \exp(-\dot{L}_{kr}/\dot{L})} \qquad (4\text{-}24)$$

mit $K_v = K_{vo}$ bzw. $K_v = K_{vs}$ als den beiden bereits diskutierten Grenzfällen. Dieser Ausdruck kann in Gleichung (4-13) eingesetzt werden und liefert mit Gleichung (4-9) den allgemeinen Verlauf (2) für die Dotierungskonzentration in Abb. 23. Durch die (gestrichelt) Extrapolation des Anfangsverlaufs für

$$R_o \gg (R_s + R_g)$$

ist K_{Fs} und damit K_{vs} sowie $[F^{\bullet}]_s$ erhältlich. Für Phosphor in Si beträgt dieser Wert mehr als das Doppelte von $[F^{\bullet}]_o$ /170/. – Der tatsächliche (ausgezogene) Konzentrationsverlauf, der beim Silanprozeß im üblichen Temperaturbereich um 1300 K auftritt, geht nach einem Maximum in die für Diffusionsbegrenzung gültige Gerade (Gleichung (4-15)) über. Bei Erhöhung der Temperatur auf 1500 K verschwindet das Maximum, bedingt durch die Zunahme des Diffusionskoeffizienten von Phosphor in Si /170/.

Bei der Dotierung mit Arsen wurde – trotz eines niedrigeren

Diffusionskoeffizienten /97/ - von Reif et al. /171/ kein Konzentrationsmaximum beobachtet. Das dürfte mit den hier wirksamen, reaktionskinetischen Einflüssen zusammenhängen.

4.1.3 Dotierungshomogenität und Autodoping

Die Optimierungskriterien für die Dotierungshomogenität in Chargenreaktoren sind von denjenigen für die Schichtdickenhomogenität verschieden, so daß in der Praxis ein Kompromiß gefunden werden muß. Die Neigung der Substrate gegen die Hauptstromrichtung als wichtigste Maßnahme für die Dickenhomogenität von Epitaxieschichten ist für die Dotierungshomogenität lediglich dann wirksam, wenn auch die Dotierungskonzentration überwiegend diffusionsbegrenzt ist. Dabei würde nur für gleiche Stoffübergangskoeffizienten aller Spezies die gleiche Wirksamkeit auftreten (s. Gleichung (4-15)).

Bei den üblichen Temperaturen und Ablagerungsraten (Größenordnung 1 µm/min) sind jedoch die Einflüsse der Gasphasendiffusion auf die Dotierung mit Phosphor beim SiH_4-Prozeß gering und auch beim $SiCl_4$-Prozeß erst teilweise wirksam /169/, während sie für Arsen beim SiH_4-Prozeß praktisch ganz entfallen /165/. Die stattdessen auftretenden, gleichgewichtsthermodynamischen und reaktionskinetischen Einflüsse bewirken eine Zunahme von $[F]/P_{3,m}$ mit fallender Temperatur. Sie kann angesichts der geringeren Temperaturabhängigkeit der diffusionsbegrenzten Ablagerungsrate zur Kompensation der Dotantenverarmung in der Gasphase genutzt werden.
Wegen der stromabwärts eintretenden Verminderung von $P_{3,m}$ ist zur Erzielung einer ortsunabhängigen As- bzw. P-Konzentration $[F]$ eine abnehmende Substrattemperatur T_s erforderlich. Diese wäre bei Reaktionsbegrenzung und vernachlässigbarer Nebenproduktbildung mit $K_D = 0$ in Gleichung (4-16) nach der bereits für die

---

1) Dagegen wird die Dotierungshomogenität von Bor in Si durch einen Anstieg der Temperatur in z-Richtung begünstigt, was mit störenden Einflüssen von Sauerstoff zusammenhängen kann /175/.

Schichtdickenhomogenität verwendeten Gleichung (2-27) zu berechnen. Verallgemeinernd kann in dieser Gleichung

$$[F] \cdot L/P_{3,i}$$

(mit dem Input-Partialdruck $P_{3,i}$) an die Stelle der Geschwindigkeitskonstanten $k_{H,i}$ sowie eine Enthalpieänderung ΔH an die Stelle der Aktivierungsenthalpie ${}^{a}H$ gesetzt werden [1], solange die Diffusionseinflüsse nicht überwiegen. Damit ergibt sich für die gesuchte z-Abhängigkeit von T_s /167/:

$$\frac{T_{s,i}}{T_s} \approx 1 + \frac{k_B T_{s,i}}{\Delta H} \ln \left(1 - \frac{[F]\,\dot{L}\,P\,\bar{l}}{P_{3,i}\,\dot{N}} z\right) . \qquad (4\text{-}25)$$

Da nun die Ablagerungsrate nicht völlig temperaturunabhängig ist [2], aber ebenfalls weitgehend ortsunabhängig werden soll, darf das näherungsweise durch diese Gleichung gegebene und für die Dotierungshomogenität optimale Temperaturprofil nicht streng eingehalten werden. Für die Lösung des komplizierteren Optimie-

---

1) Dies setzt voraus, daß sich die Temperaturabhängigkeit der Dotierungskonzentration durch eine van't Hoff-Gleichung darstellen läßt. Auf der Grundlage von Gl. (4-9) ist das für die hier interessierenden, kleinen Temperaturintervalle möglich, wie auch die experimentellen Befunde /169,171/ zeigen. - Für die Behandlung des Verarmungsproblems auf der im Abschnitt 2.2 gegebenen Grundlage ist $P_{3,m}$ in den Gleichungen (4-9) und (4-14) durch den mittleren F-Bilanzdruck $P_{f,m}$ zu ersetzen (s. Abschn. 4.1.1 zu Gl. (4-12)). Hierbei brauchen die Einzelbeiträge zu $P_{f,m}$ nicht bekannt zu sein, da ΔH ohnehin bei der jeweiligen Ablagerungsrate empirisch bestimmt werden muß. Dadurch wird auch die Vernachlässigung der Thermodiffusion und der Reaktionsmöglichkeit im Inneren der Gasphase in Abschnitt 1.4.1 weniger kritisch.

2) Bei Diffusionsbegrenzung ist hierfür neben der T-Abhängigkeit von k_t bei den Si-Chloridprozessen auch die T-Abhängigkeit der Gleichgewichtspartialdrücke in Gl. (3-21a) verantwortlich. Diese werden also - ebenso wie die Oberflächenpartialdrücke der Dotanten - ortsabhängig, was bei den Rechnungen zur Schichtdickenhomogenität mit zu berücksichtigen ist.

rungsprobleme, das unter gleichzeitiger Berücksichtigung der Forderungen an die Schichtdickenhomogenität resultiert, können die hier gemachten Ansätze mit zur Modellbildung beitragen.

Im Unterschied zur bisher diskutierten, herkömmlichen Scheibenanordnung wird im "Rotary-Disk"-Reaktor (Abb. 2g, s. a. Abschn. 2.2) durch die äquivalenten Positionen der Scheiben bezüglich des Gasstroms von vornherein eine gleichmäßige Dotierung innerhalb der Charge gewährleistet. Erste Untersuchungen /14/ lieferten Konzentrationsschwankungen von ± 4% (lateral auf einer Scheibe und innerhalb der Charge), was die heutigen Anforderungen an die Dotierungshomogenität vollauf erfüllt.

<u>Autodoping</u>

Während der homoepitaktischen Ablagerung kommt es zu einem unerwünschten Übergang von Dotanten aus dem normalerweise höher dotierten Substrat (sowie aus dem Substratträger usw.) in die wachsende Schicht, der als Autodoping bezeichnet wird und eine wichtige Rolle für die Epitaxie-Technologie spielt /1,6,12,88/. Er beeinträchtigt die Steilheit der Konzentrationsprofile und damit der elektrischen (z. B. pn-) Übergänge, die für Höchstfrequenzbauelemente besonders wesentlich ist, und führt zu einer Verschiebung dieser Übergänge gegenüber den "metallographischen" Substrat/Schicht-Grenzen.

Als gemeinsame Ursache sind die Dotantendiffusion im Festkörper und der Dotantentransport über die Gasphase wirksam, der durch Chloride stark gefördert wird. Gegenüber den Si-Chloridprozessen hat daher der Silanprozeß, der mit seinen niedrigeren Temperaturen auch die Festkörperdiffusion erheblich reduziert, große Vorteile. Man kann bei diesem Prozeß die vorherige "in-situ-"Ätzung der Substrate mit HCl beibehalten, wenn die Ablagerung in zwei Schritten erfolgt /176/. Dabei wird nach gründlicher Gasspülung zunächst eine dünne Si-Schicht ($< 0{,}5\ \mu m$) abgelagert, nochmals gespült und wieder abgelagert. Jedoch ist das Ergebnis nicht in jedem Falle befriedigend /23,177/.

Eine starke Reduzierung des Autodoping ist durch die Anwendung von Unterdruck möglich /12,23-25/. Zur Klärung der Ursachen sind weitere Untersuchungen erforderlich (s. Abschnitt 4.1.1 zu Gl. (4-17)). Zu beachten sind auch die nachteiligen Auswirkungen der Chargengrößen auf das Autodoping /178/.

4.2 DOTIERUNG UND EIGENFEHLORDNUNG BEI VERBINDUNGSHALBLEITERN

Hinsichtlich des Dotierungsverhaltens ist das GaAs die am besten untersuchte Verbindung, für die wir deshalb unsere konkreten Formulierungen treffen, obgleich auch hier noch wichtige Fragen offen sind /158,179/. Wegen der allgemeinen Behandlung der Fehlordnung von Verbindungen wird wieder auf /97,172/ verwiesen.

Gegenüber den Elementen besteht das grundsätzlich Neue im Vorliegen unterschiedlicher Gitterplätze, die in üblicher Weise durch untere Indices (Ga bzw. As) gekennzeichnet werden und deren Zahlenverhältnis (1:1) bei jeder Störstellenreaktion erhalten bleiben muß. So ergibt sich als Einbaureaktion für neutrale Fremdatome auf Ga-Plätze (beispielsweise für den praktisch wichtigen Akzeptor Zink):

$$F(g) + Ga_{Ga}^{x} \rightleftharpoons F_{Ga}^{x} + Ga(g) \qquad \text{mit}$$

$$\boxed{\frac{\left[F_{Ga}^{x}\right] p_{Ga,e}}{p_{F,e}} = K_{Ga}} \qquad (4\text{-}26)$$

als Massenwirkungsgesetz. (Die Konzentration der Ga-Grundgitterbausteine $\left[Ga_{Ga}^{x}\right]$ ist praktisch konstant und mit in der Gleichgewichtskonstanten enthalten.) Entsprechend gilt für den Einbau auf As-Plätze (beispielsweise für Schwefel als praktisch wichtigen Donator):

$$F(g) + As_{As}^{x} \rightleftharpoons F_{As}^{x} + As(g) \qquad \text{mit}$$

$$\boxed{\frac{[F_{As}^{x}]\ P_{As,e}}{P_{F,e}} = K_{As}} \qquad (4\text{-}27)$$

Die atomaren Dampfdrücke der Grundgitterbausteine sind verknüpft durch das "Atomisierungsgleichgewicht"

$$Ga_{Ga}^{x} + As_{As}^{x} \rightleftharpoons Ga(g) + As(g) \qquad \text{mit}$$

$$P_{Ga,e}\ P_{As,e} = K_{GaAs}\ . \qquad (4\text{-}28)$$

Der Vergleich von Gleichung (4-26) und (4-27) mit dem Henryschen Gesetz (4-18) zeigt, daß dieses Gesetz bei konstanten Gleichgewichtsdampfdrücken der Grundgitterbausteine gültig bleibt, so daß der im Abschnitt 4.1 entwickelte Formalismus auf Verbindungen übertragen werden kann. Durch die Variationsmöglichkeit dieser Drücke wird jedoch die Situation bereits unter gleichgewichtsnahen Wachstums- und Dotierungsbedingungen kompliziert. Besondere Effekte können sich durch die gleichzeitige Variation der Konzentration ionisierter Eigenstörstellen und deren Einfluß auf die Fremdionenkonzentration ergeben /97,172/, von denen wir aber hier absehen. Ausschlaggebend für den Partialdruckeinfluß der Grundgitterbausteine auf das Dotierungsgleichgewicht ist der durch die Gleichungen (4-26) und (4-27) erfaßte "Platzbilanzeffekt", der im folgenden diskutiert wird.

Der Quotient

$$P_{As,e}/P_{Ga,e}$$

ändert sich gleichsinnig mit dem As/Ga-Verhältnis im Input-Strom, das beispielsweise beim MOCVD-Prozeß aus Arsin und Trimethylgallium (TMG, s. Abschnitt 1.1.3) durch

$$P_{AsH_3,i}/P_{TMG,i}$$

gegeben ist [1]. Bei gegebenem Zn-bzw. S-Angebot (als Dimethylzink bzw. Schwefelwasserstoff) und konstantem $P_{TMG,i}$ nimmt bei Vergrößerung von $P_{AsH_3,i}$ der Einbau von Zn zu und der Einbau von S ab /158,180/. Dies ist mit den Gleichungen (4-26) und (4-27) für Zn_{Ga} und S_{As} erklärbar. Bei konstantem $P_{AsH_3,i}$ und wachsendem $P_{TMG,i}$ nimmt aber der Einbau beider Dotanten zu, während er nach Gleichung (4-26) für Zn_{Ga} abnehmen sollte. Hier liefert also die Gleichgewichtsbetrachtung ein falsches Resultat, wobei zu beachten ist, daß Trimethylgallium der limitierende Reaktant für die diffusionsbegrenzte Ablagerung ist, so daß die Ablagerungsrate linear mit $P_{TMG,i}$ zunimmt (s. Abschnitt 1.4.2).

Silizium kann als Element der 4. Gruppe im GaAs sowohl Donatoren Si_{Ga} als auch Akzeptoren Si_{As} bilden. Nach den Gleichungen (4-26) bis (4-28) gilt

$$\frac{[Si_{Ga}^{x}]}{[Si_{As}^{x}]} = \frac{K_{Ga}}{K_{As}\ K_{GaAs}} P_{As,e}^{2} \ . \qquad (4\text{-}29)$$

---

1) Gleichsinnig mit $P_{AsH_3,i}/P_{TMG,i}$ ändert sich zunächst das Verhältnis $P_{AsH_3,e}/P_{TMG,e}$ im Gleichgewicht mit dem Festkörper, wobei der quantitative Zusammenhang nur bei Vernachlässigung von Reaktionen im Inneren der Gasphase und von Unterschieden in den Stoffübergangskoeffizienten (einschl. Thermodiffusion) auf relativ einfache Weise zugänglich ist. Weiterhin können als Teilbeiträge zur Ablagerungsreaktion (1-5) angesetzt werden:

$$Ga(CH_3)_3(g) + \tfrac{3}{2}\ H_2(g) \rightleftharpoons Ga(g) + 3\ CH_4(g) \qquad \text{und}$$

$$AsH_3(g) \rightleftharpoons As(g) + \tfrac{3}{2}\ H_2(g)$$

mit den Gleichgewichtskonstanten K_A und K_B. Hieraus folgt für das gesuchte Verhältnis

$$\frac{P_{As,e}}{P_{Ga,e}} = \frac{K_B\ P_{AsH_3,e}\ P_{CH_4,e}^{3}}{K_A\ P_{TMG,e}\ P_{H_2,e}^{3}} \ .$$

Unter üblichen CVD-Bedingungen überwiegen die Donatoren, und im Gleichgewicht muß eine Zunahme der Elektronenkonzentration n mit $p_{AsH_3,i}$ eintreten. Stattdessen war n bei Unterdruck-Untersuchungen des MOCVD-Prozesses unabhängig von $p_{AsH_3,i}$ /25/, während bei Atmosphärendruck eine n-Abnahme mit zunehmendem $p_{AsH_3,i}$ eintrat /180/. Dies ist mit reationskinetischen Einflüssen zu erklären, beispielsweise mit einer Blockierung von Oberflächenplätzen für Si durch As-haltige Spezies /180/, die auch bei der Diskussion des Si-Einbaus im $Ga/HCl/AsH_3/H_2$-Ablagerungssystem (Abschn. 3.4) erwogen wurde /181/. - In den chloridhaltigen Systemen bringt eine Bildung von Chlorsilanen, die in Quarzapparaturen bereits als Verunreinigungseffekt eintritt, Komplikationen mit sich, die trotz zahlreicher Untersuchungen noch nicht völlig geklärt sind /6,158/.

Eigenfehlordnung und Verunreinigungseinflüsse

Vor der Behandlung von Verunreinigungseinflüssen muß die Gleichgewichtssituation im reinen GaAs betrachtet werden /179/. In Verbindung mit den Stöchiometrieabweichungen können die Eigenstörstellenkonzentrationen wesentlich größere Werte als in den Elementhalbleitern annehmen und die Konzentration der elektronischen Ladungsträger bestimmen ("Eigenstörhalbleitung" /97/). Unter CVD-Bedingungen besitzt das GaAs einen Ga-Überschuß, der mit positiv ionisierten As-Vakanzen $V_{As}^{\bullet}$ als der dominierenden Eigenstörstellenart verbunden ist. Ihre Konzentration liegt oberhalb der Inversionsdichte ($n_i \approx 10^{16}$ cm^{-3} bei 1000K /179/), so daß die approximative Neutralitätsbedingung lautet:

$$\boxed{n \approx [V_{As}^{\bullet}]} \qquad (4\text{-}30)$$

Die As-Vakanzkonzentration ändert sich gegensinnig zum As/Ga-Verhältnis in der Gasphase [1]. Demgegenüber wird beim MOCVD-Pro-

---

[1] Aus dem Massenwirkungsgesetz für das Vakanzenbildungsgleichgewicht $As_{As}^{x} \rightleftharpoons As(g) + V_{As}^{\bullet} + e'$ ergibt sich mit Gleichung (4-30): $[V_{As}^{\bullet}] \propto p_{As,e}^{-1/2}$.

zeß mit abnehmendem As/Ga-Verhältnis eine Abnahme von n und sogar ein Übergang zu p-Leitung, die anschließend zunimmt, beobachtet. Die Ursache ist in Kohlenstoff-Verunreinigungen zu sehen /25, 180/, die im Gleichgewicht das analoge Einbauverhalten wie Si nach Gleichung (4-29) zeigen. Dementsprechend werden sie bei hohem $P_{As,e}$ überwiegend als Donatoren C_{Ga} eingebaut, während bei niedrigem $P_{As,e}$ die Akzeptoren C_{As} überwiegen. - Auch in den chloridhaltigen Ablagerungssystemen wird der Eigenstörstelleneinfluß durch Verunreinigungseinflüsse überspielt, wobei neben dem bereits erwähnten Silizium der Kohlenstoff ebenfalls in Betracht kommt. Für die quantitative Behandlung der Fremdfehlordnung kann die Eigenfehlordnung aber wesentlich werden, wie z. B. die folgende Betrachtung zeigt.

Eigenfehlordnung und gezielte Dotierung

Nachdem bisher der Einfluß der Input-Partialdrücke für die Grundgitterbausteine diskutiert wurde lassen wir diese nun konstant und variieren den Input-Partialdruck für die Dotanten. Ihm ist unter gleichgewichtsnahen Dotierungsbedingungen der Gleichgewichtspartialdruck $P_{F,e}$ an der Oberfläche annähernd proportional (vgl. Abschnitt 4.1.1). Dabei gilt z. B. für überwiegend ionisierte Donatoren nach den Gleichungen (4-19) und (4-26) bzw. (4-27):

$$[F] \approx [F^{\bullet}] \propto P_{F,e}/n \; . \qquad (4\text{-}31)$$

Wenn die ionisierten Eigenstörstellen für die Elektronenkonzentration bestimmend sind, wie z. B. im GaAs nach Gleichung (4-30), dann beeinflussen sie also die Dotierungskonzentration erheblich und bewirken deren linearen Anstieg mit dem Dotantenangebot. Ohne Eigenstörstellen würde der Übergang zur Fremdstörstellenleitung mit einem unterlinearen Anstieg von

$$n \approx [F^{\bullet}] \propto P_{F,e}^{1/2}$$

(vgl. Gleichung (4-20a)) bereits bei Überschreitung der Inversionsdichte ($[F^{\bullet}] > n_i$) erfolgen. Dieser Übergang wird durch die Eigenstörhalbleitung bis zur Überschreitung der Eigenstörstellenkonzentration ($[F^{\bullet}] > [V^{\bullet}_{As}]$) hinausgeschoben.

Auf dieser Grundlage konnte der experimentelle Verlauf der Dotierungskonzentration mit dem Dotantenangebot in einer Reihe von Fällen quantitativ interpretiert werden /158,179/. Eine andere Erklärung für den über die Inversionsdichte hinausgehenden, linearen Verlauf, der auch bei der Liquidphasenepitaxie auftritt, wurde bereits früher vorgeschlagen /182,183/. Sie liegt in einer Fixierung der Oberflächenkonzentration n_s der Elektronen (vgl. Abb. 26), die in Verbindung mit der Raumladungsrandschicht und einer hinreichend großen Ablagerungsrate zur Fixierung der Dotierungskonzentration führt.

Zur Klärung solcher und anderer kinetischer Einflüsse sind systematische Untersuchungen der Dotierung in Abhängigkeit von der Ablagerungsrate $\dot{L}$ (vgl. Abb. 22) unter Mitberücksichtigung des As/Ga-Verhältnisses erforderlich. Dabei sollten die auch technologisch wichtigeren, diffusionsbegrenzten Ablagerungsbedingungen bevorzugt werden, solange reaktionskinetische Einflüsse auf die Ablagerungsrate nicht besser geklärt sind [1].
Durch Extrapolation auf $\dot{L} = 0$, wo die vollständige Einstellung der Störstellengleichgewichte zu erwarten ist, kann in Kombination mit Berechnungen der Gasphasengleichgewichte eine Separierung der thermodynamischen Einflüsse erfolgen.
Für die Auswertung treten erhebliche Komplikationen durch die Veränderungen beim Abkühlen der Schichten auf /179/. Daran sind auch nicht dominierende Eigenstörstellen wie Ga-Vakanzen (besonders in Assoziaten mit Fremddonatoren), Zwischengitteratome oder substitutionelle Eigenstörstellen beteiligt. Weiterhin kann eine Ausscheidung von Gallium erfolgen, dessen Löslichkeit beim Abkühlen stark abnimmt.

In den Auswirkungen der Eigenfehlordnung liegen auch mögliche

---

1) Solche Einflüsse lagen für zahlreiche Untersuchungen in chloridhaltigen Ablagerungssystemen bei relativ niedriger Temperatur vor, die insbesondere auch die kompliziertere Abhängigkeit des Dotanteneinbaus von der Substratorientierung betrafen /158/.

Ursachen für die langfristigen Veränderungen, die z. B. in optoelektronischen Bauelementen auftreten und zu einer verminderten Strahlungsleistung führen.

Eine maßgebliche Mitwirkung der Eigenstörstellen ist für das Zustandekommen anormaler Dotierungskonzentrationsprofile bei der Epitaxie anzunehmen, wobei eine Überlagerung mit Autodoping-Prozessen eintritt /6,88/. Ebenso wie bei der Si-Epitaxie ist das Autodoping in den chloridfreien Ablagerungssystemen, besonders unter Anwendung von reduziertem Druck, stark vermindert /25/. Für solche Ablagerungsbedingungen, die technologisch zunehmende Bedeutung erlangen werden, stecken die quantitativen Untersuchungen und Interpretationen noch in den Anfängen.

Das gesamte Gebiet der Dotierung bei CVD-Prozessen befindet sich in einer besonders raschen Entwicklung, so daß hier nur das Grundsätzliche herausgestellt und ein Ausblick gegeben werden konnte.

LITERATURVERZEICHNIS

(Übersichtsartikel sind durch (Ü) gekennzeichnet.)

/1/ ČISTJAKOV, JU.D., RAJNOVA, JU.P., "Fizikochimičeskie osnovy technologii mikroelektroniki", Metallurgija, Moskva 1979

/2/ THEURER, H.C., KLEIMACK, J.J., LOAR, H.H., CHRISTENSEN, H. Proc. IRE 48 (1960) 1642

/3/ SCHÄFER, H., "Chemische Transportreaktionen", Verl. Chemie, Weinheim 1962

/4/ FAKTOR, M.M., GARRETT, J.G., "Growth of Crystals from the Vapour", Chapman and Hall, London 1974

/5/ POWELL, C.F., OXLEY, J.H., BLOCHER, J.M., (Ed.), "Vapor Deposition", Wiley, New York 1966

/6/ BARRY, B.E., Thin Solid Films 39 (1976) 35 (Ü)

/7/ BERNUS, F.V., FRELLER, M., GUENTHER, K.G., Thin Solid Films 50 (1978) 39 (Ü)

/8/ THEURER, H.C., J.Electrochem.Soc. 108 (1961) 649

/9/ DE NICOLA, J.A., MASTROPIERO, R.P., Solid State Technol. 15 No.2 (1972) 51 (Ü)

/10/ BARON, M., ZELEZ, J., Solid State Technol. 21 No.12 (1978) 61 (Ü)

/11/ ROSLER, R.S., BENZING, W.C., Solid State Technol. 20 No.7 (1977) 27 (Ü)

/12/ HAMMOND, M.L., Solid State Technol. 21 No.11 (1978) 68 (Ü)

/13/ KERN, W., Solid State Technol. 18 No.12 (1975) 25 (Ü)

/14/ BAN, V.S., J.Crystal Growth 45 (1978) 97

/15/ BENZING, W.C., FISK, R., Solid State Technol. 18 No.1 (1975) 39

/16/ BENZING, W.C., ROSLER, R.S., EAST, R.W., Solid State Technol. 16 No.11 (1973) 37

/17/ KERN, W., ROSLER, R.S., J.Vac.Sci.Technol. 14 (1977) 1082 (Ü)

/18/ DROST, H., "Plasmachemie" Akademie-Verlag, Berlin 1978

/19/ ROSLER, R.S., BENZING, W.C., BALDO, J., Solid State Technol. 19 No.6 (1976) 45

/20/ VOSSEN, J.L., J.Electrochem.Soc. 126 (1979) 319

/21/ ROSLER, R., Solid State Technol. 20 No.4 (1977) 63

/22/ SCHNABLE, G.L., Solid State Technol. 21 No.10 (1978) 69 (Ü)

/23/ OGIRIMA, M., SAIDA, H., SUZUKI, M., MAKI, M., J.Electrochem. Soc. 124 (1977) 903, 125 (1978) 1879

/24/ DUCHEMIN, J.P., BONNET, M.M., KOELSCH, M.F., J.Electrochem. Soc. 125 (1978) 637
/25/ DUCHEMIN, J.P., BONNET, M.M., KOELSCH, M.F., HUYGHE, D., J.Electroechm.Soc. 126 (1979) 1134
/26/ GUPTA, D., Solid State Technol. 14 No.10 (1971) 33 (0)
/27/ WATTS, B.E., Thin Solid Films 18 (1973) 1 (0)
/28/ MANASEVIT, H.M., ERDMANN, F.M., THORSEN, A.C., J.Electrochem.Soc. 123 (1976) 53
/29/ BLOEM, J. J.Crystal Growth 31 (1975) 256 (0)
/30/ SHAW, D.W., in: MATTHEWS, J.W. (ed.), "Epitaxial Growth" Part A, Academic Press, New York 1975, S. 89 (0)
/31/ KAMINS, T.J., IEEE Transactions PHP-10 (1974) 221 (0)
/32/ REVESZ, A.G., Thin Solid Films 50 (1978) L 29
/33/ SCHNABLE, G.L., KERN, W., COMIZZOLI, R.B., J.Electrochem. Soc. 122 (1975) 1092 (0)
/34/ MILEK, J.T., "Silicon Nitride for Microelectronic Applications", Part 1 u. 2, Plenum Publ.Co., London 1971 u. 1972
/35/ PLISKIN, W.A., J.Vac.Sci.Technol. 14 (1977) 1064
/36/ BELYI, V.J., KUZNETSOV, F.A., SMIRNOVA, T.P., Thin Solid Films 37 (1976) L 39
/37/ STEIN, H.J., WEGENER, H.A.R., J.Electrochem.Soc. 124 (1977) 908
/38/ BROWN, W.D., Solid State Technol. 22 No.7 (1979) 77
/39/ BALIGA, B.J., GHANDHI, S.K., IEEE Transactions ED-19 (1972) 761
/40/ GAIND, A.K., ACKERMANN, G.K., LUCARINI, V.J., BRATTER, R.L., J.Electroechm.Soc. 123 (1976) 111
/41/ SCHNABEL, H.J., STORCH, W., DOSS, R., FLEISCHER, F., Probl.d.Festkörperelektronik 8 (1976) 49 (0)
/42/ WEISSMANTEL, C., Abh.d.AdW d.DDR, Reinstoffprobleme V Nr.2 (1977) 327 (0)
/43/ ABOAF, J.A., J.Electrochem.Soc. 114 (1967) 948
/44/ DUFFY, M.T., REVESZ, A.G., J.Electrochem.Soc. 117 (1970) 372
/45/ MANASEVIT, H.M., J.Crystal Growth 13/14 (1972) 306 (0)
/46/ MANASEVIT, H.M., J.Crystal Growth 22 (1974) 125 (0)
/47/ MINDEN, H.T., Solid State Technol. 16 No.1 (1973) 31 (0)

/48/ GOTTSCHALCH, V., PETZKE, W.-H., BUTTER, E., Krist.u.Techn. 9 (1974) 209, 355

/49/ PETZKE, W.-H., BUTTER, E., Krist.u.Techn. 9 (1974) 477, 763

/50/ PETZKE, W.-H., ZEHE, A., Krist.u.Techn. 10 (1975) 135

/51/ HOLONYAK, N., STILLMAN, G.E., WOLFE, C.M., J.Electrochem. Soc. 125 (1978) 487 C (0)

/52/ DUFFY, M.T., WANG, C.C., O'CLOCK, G.D., McFARLANE, S.H., ZANZUCCHI, P.J., J.Electronics Mat. 2 (1973) 359

/53/ RONEN, R.S., MICHELETTI, F.B., Solid State Electr. 18 No.8 (1975) 39 (0)

/54/ ARNOLD, H., EICHHORN, G., KAUFMANN, T., RENSCH, U., STAROSKE, M., Tagungsbericht 23. Int.Wiss.Kolloqu. Ilmenau 1978, Reihe "MIS-Mikroelektronik und Akustoelektronik" S. 67 (0)

/55/ DUPUIS, R.D., DAPKUS, P.D., IEEE Jounal QE-15 (1979) 128

/56/ OXLEY, J.H., in: /5/ S.102

/57/ SLADEK, K.J., J.Electrochem.Soc. 118 (1971) 654

/58/ BLOEM, J., J.Crystal Growth 18 (1973) 70

/59/ EVERSTEYN, F.C., Phillips Res.Repts. 26 (1971) 134

/60/ SIMPKINS, P.G., et al., J.Appl.Phys. 50 (1979) 5676

/61/ LIU, J.K., LAKIN, K.M., WANG, K.L., J.Appl.Phys. 46 (1975) 3703

/62/ BAN, V.S., J.Electrochem.Soc. 118 (1971) 1473, 119 (1972) 761; J.Crystal Growth 17 (1972) 19

/63/ BAN, V.S., ETTENBERG, M., J.Phys.Chem.Solids 34 (1973) 1119

/64/ BAN, V.S., GOSSENBERGER, H.F., TIETJEN, J.J., J. Appl. Phys. 43 (1972) 2471

/65/ BAN, V.S., GILBERT, S.L., J.Crystal Growth 31 (1975) 284; J.Electrochem.Soc. 122 (1975) 1382

/66/ COCHET, G., MELLOTTEE, H., DELBOURGO, R., J.Electrochem. Soc. 125 (1978) 487

/67/ SMITH, J.E., SEDGWICK, T.O., Thin Solid Films 40 (1977) 1

/68/ SEDGWICK, T.O., SMITH, J.E., J.Electrochem.Soc. 123 (1976) 254

/69/ SMITH, J.E., SEDGWICK, T.O., Letters Heat Mass Transfer 2 (1975) 329

/70/ ARNOLD, H., BISTE, L., BOLZE, D., EICHHORN, G., Krist.u. Techn. 11 (1976) 17

/71/ LIU, S.S., STEVENSON, D.A., J.Electrochem.Soc. 125 (1978) 1161

/72/ MANASEVIT, H.M., ERDMANN, F.M., SIMPSON, W.J., J.Electrochem.Soc. 118 (1971) 1864

/73/ VASILYEVA, L.L., et. al., Thin Solid Films 55 (1978) 221

/74/ TAFT, E.A., J.Electrochem.Soc. 126 (1979) 1728

/75/ BRAUER, H., "Stoffaustausch", Verl. Sauerländer, Frankfurt/Main 1971

/76/ JOST, W., "Diffusion", Steinkopf-Verl., Darmstadt 1957

/77/ WILKE, C.R., Chem.Eng.Progr. 46 (1950) 95

/78/ REID, R.C., SHERWOOD, T.K., "The Properties of Gases and Liquids", McGraw-Hill, New York 1966

/79/ RIEDL, W.J., in: SCHNEIDER, H.G., RUTH, V. (Ed.), "Advances in Epitaxy and Endotaxy", Akadémiai Kiadó, Budapest 1976, S. 79

/80/ EVERSTEYN, F.C., Philips Res.Repts. 29 (1974) 45 (0)

/81/ EVERSTEYN, F.D., PUT, B.H., J.Electrochem.Soc. 120 (1973) 106

/82/ EVERSTEYN, F.C., Philips Res.Repts. 26 (1971) 134

/83/ BITTRICH, H.-J., HABERLAND, D., JUST, G., "Leitfaden der chemischen Kinetik", VEB Dt.Verl.d.Wiss., Berlin 1973

/84/ LAIDLER, K.J., "Chemical Kinetics", McGraw Hill, New York etc. 1965

/85/ THEETEN, J.B., HOTTIER, F., PARADAN, H., Revue Phys. Appl. 11 (1976) 587

/86/ THEETEN, J.B., HOTTIER, F., J.Electrochem.Soc. 126 (1979) 450

/87/ THEETEN, J.B., HOTTIER, F., HALLAIS, J., J.Crystal Growth 46 (1979) 245

/88/ JOYCE, B.A., Rept.Progr.Phys. 37 (1974) 363 (0)

/89/ FARROW, R.F.C., J.Electrochem.Soc. 121 (1974) 899

/90/ HENDERSON, R.C., HELM, R.F., Surface Sci. 30 (1972) 310

/91/ EVERSTEYN, F.C., SEVERIN, P.J.W., BREKEL, C.H.J.v.d., PEEK, H.L., J.Electrochem.Soc. 117 (1970) 925

/92/ ČISTJAKOV, JU.D., BAIKOV, JU.A., in: Wie /79/, S. 159

/93/ KUZNETSOV, F.A., Thin Solid Films 13 (1972) 303 (0); KUZNETSOV, F.A., KOKOVIN, G.A., BUSHDAN, JA.M., Izv.Sib. Otd.Akad.Nauk SSSR, Ser.Chim. Nauk 1 (1975) 5

/94/ NISHIZAWA, J., TERASAKI, T., SHIMBO, M., J.Crystal Growth 13/14 (1972) 297

/95/ IOFFE, J.J., PISSMEN, L.M., "Heterogene Katalyse", Akademie-Verlag Berlin 1975

/96/ SHAW, D.W., in: GOODMAN, C.H.L. (Ed.), "Crystal Growth", Vol.1, London, New York 1974

/97/ ARNOLD, H., "Physikalische Chemie der Halbleiter", Akademie-Verl., Berlin 1978

/98/ BISCHOF, K.B., FROMENT, G.F., Industr.Eng.Chem.Fundam. 1 (1962) 195

/99/ WEDLER, G., "Adsorption", Verl.Chemie,Weinheim 1970

/100/ SETO, J.Y.W., J.Electrochem.Soc. 122 (1975) 701

/101/ JONES, M.E., SHAW, D.W., in HANNAY, N.B., "Treatise on Solid State Chemistry", Vol.6B Surfaces 2, Plenum Press New York, London 1976

/102/ FISCHER, H., Z.Phys.Chem.Leipzig 255 (1974) 773

/103/ SCHLYER, D.J., RING, M.A., J.Electrochem.Soc.124 (1977) 569

/104/ BREKEL, C.H.J.v.d., Philips Res.Repts. 32 (1977) 118

/105/ BREKEL, C.H.J.v.d., JANSEN, A.K., J.Crystal Growth 43 (1978) 364

/106/ RAI-CHOUDHURY, R., SCHRODER, D.K., J.Electroc em.Soc. 120 (1973) 664

/107/ JACKSON, C.M., HIRTH, J.P., in: Wie /79/, S. 97

/108/ ARNOLD, H., Krist.u.Techn. 15 (1980) 421, 543

/109/ CHIANG, Y.S., LOONEY, G.W., J.Electrochem.Soc. 120 (1973) 550

/110/ FRANK-KAMENETZKI, D.A., "Stoff- und Wärmeübertragung in der chemischen Kinetik", Springer-Verl. Berlin etc. 1959

/111/ STAUFF, J., "Kolloidchemie", Springer-Verl. Berlin etc. 1960

/112/ EMMANUEL, A., POLLOCK, H.M., J.Electrochem. Soc. 120 (1973) 1586

/113/ KEHLEN, H., KUSCHEL, F., SACKMANN, H., "Grundlagen der chemischen Kinetik", Akademie-Verl., Berlin 1977

/114/ ROSENBERGER, F., DELONG, M.C., GREENWELL, D.W., OLSON, J.M., WESTPHAL, G.H., J.Crystal Growth 29 (1975) 49

/115/ MANKE, C.W., DONAGHEY, L.F., J.Electrochem.Soc. 124 (1977) 561

/116/ SCHOTT, E., Verfahrenstechn. 3 (1969) 555 (D)

/117/ TAKAHASHI, R., KOGA, Y., SUGAWARA, K., J.Electrochem.Soc. 119 (1972) 1406
/118/ ASTARITA, G., "Mass Transfer with Chemical Reaction", Elsevier Publ.Co., Amsterdam etc. 1967
/119/ BARANOWSKI, B., "Nichtgleichgewichts-Thermodynamik in der physikalischen Chemie", VEB Deutscher Verl.f.Grundstoffind., Leipzig 1975
/120/ RUNDLE, P., Int.J.Electronics 24 (1968) 405; J.Crystal Growth 11 (1971) 6
/121/ BROWN, W.A., KAMINS, T.J., Solid State Technol. 22 No.7 (1979) 51
/122/ TANIKAWA, E., TAKAYAMA, O., MAEDA, K., in: WAKEFIELD, G.F., BLOCHER, J.H.(Ed.) "CVD" IV.Int.Conf. Boston 1973
/123/ SCHLICHTING, H., "Grenzschicht-Theorie", Braun GMBH, Karlsruhe 1966
/124/ FUJII, E., NAKAMURA, H., HARUNA, K., KOGA, Y., J.Electrochem.Soc. 119 (1972) 1106
/125/ CURTIS, B.J., DISMUKES, J.P., J.Crystal Growth 17 (1972) 128
/126/ CARSLAW, H.S., JAEGER, J.C., "Conduction of Heat in Solids", Clarendon Press, Oxford 1959
/127/ REISMANN, A., BERKENBLIT, M., J.Electrochem.Soc. 113 (1966) 146
/128/ ROMANKOV, P.G., RASKOVSKAJA, N.B., FROLOV, V.F., "Stoffübergangsprozesse in der chem. Technologie", Akademie-Verl., Berlin (1979)
/129/ ECKERT, E., "Wärme- und Stoffaustausch", Springer-Verl., Berlin etc.(1966)
/130/ BRADSHAW S.E., Int.J.Electronics 21 (1966) 205; 23 (1967) 381
/131/ WAHL, G., BATZIES, P., in: Wie /122/, S.425
/132/ GROVE, A.S., "Physics and Technology of Semiconductor Devices", Willey, New York 1967
/133/ ANDREWS, R.W., RYNNE, D.M., WRIGHT, E.G., Solid State Technol. 12 No.10 (1969) 61
/134/ GLANSDORFF, P., PRIGOGINE, P., "Thermodynamic Theory of Structure, Stability and Fluctuations", Wiley, London 1971
/135/ EBELING, W., "Strukturbildung bei irreversiblen Prozessen", Teubner, Leipzig 1976

/136/ BAN, V.S., J.Electrochem.Soc. 125 (1978) 317
/137/ BLOEM, J., J.Electrochem.Soc. 117 (1970) 1397
/138/ GREW, K.E., IBBS, T.L., "Thermodiffusion in Gasen", Cambridge Univ.Press, London 1952
/139/ KOREC, J., J.Crystal Growth 46 (1979) 362
/140/ PUTTE, P.v.d., GILING, L.J., BLOEM, J., J.Crystal Growth 31 (1975) 299
/141/ RIEDL, W.J., in: SCHNEIDER, H.G.(Ed.), "Epitaxie-Endotaxie", VEB Deutscher Verl.f.Grundstoffind., Leipzig, 1969, S. 68
/142/ BREKEL, C.H.J.v.d., BLOEM, J., Philips Res.Repts. 32 (1977) 134
/143/ JANSEN, A.K., BREKEL, C.H.J.v.d., J.Crystal Growth 43 (1978) 371
/144/ BREKEL, C.H.J.v.d., Philips J.Res. 33 (1978) 20
/145/ BREKEL, C.H.J.v.d., JANSEN, A.K., J.Crystal Growth 43 (1978) 488
/146/ YAWS, C.L., HSU, G., Solid State Technol. 22 No.2 (1979) 65
/147/ RICHARDSON, M.W. NOLÄNG, B.J., J.Crystal Growth 42 (1977) 90
/148/ SEDGWICK, T.O., J.Electrochem.Soc. 111 (1964) 1381
/149/ HUNT, L.P., SIRTL, E., J.Electrochem.Soc. 119 (1972) 1741
/150/ SIRTL, E., HUNT, L.P., SAWYER, D.H., J.Electrochem.Soc. 121 (1974) 919
/151/ BITTRICH, H.J., "Leitfaden der chem. Thermodynamik", VEB Deutscher Verl.d.Wiss., Berlin 1971; BITTRICH, H.J., LEMPE, D., "Beispiele und Berechnungen zur chem. Thermodynamik", VEB Deutscher Verl.d.Wiss., Berlin 1975
/152/ HOLUB, R., VONKA, P., "The Chemical Equilibrium of Gaseous Systems", Reidel Publ.Co., Dodrecht 1976; KLIMA, P., SILHAVY, J., RERABEK, V., BRAUN, I., CERNY, C., VONKA, P., HOLUB, R., J.Crystal Growth 32 (1976) 279
/153/ SIRTL, E., REUSCHEL, K., Z.Anorg.Allg.Chem. 332 (1964) 113
/154/ BYLANDER, E.G., J.Electrochem.Soc. 109 (1962) 1171
/155/ STEINMAIER, W., Philips Res.Repts. 18 (1963) 75
/156/ ALEXANDER, E.G., J.Electrochem.Soc. 114 (1967) 65 C
/157/ NOACK, J. , in: Wie /79/, S. 137
/158/ MULLIN, A., J.Crystal Growth 42 (1977) 77 (O)
/159/ SHAW, D.W., J.Crystal Growth 35 (1976) 1
/160/ LOYAU, J.B., OBERLIN, M.u.A., HOLLAN, L., CADORET, R., J.Crystal Growth 29 (1975) 176

/161/ CADORET, R., HOLLAN, L., LOYAU, J.B., OBERLIN, M.u.A., J.Crystal Growth 29 (1975) 187
/162/ CADORET, R.u.M. J.Crystal Growth 31 (1975) 142
/163/ SECREST, B.G., BOYD, W.W., SHAW, D.W., J.Crystal Growth 10 (1971) 251
/164/ KOMENO, J., et al., J.Electrochem.Soc. 124 (1977) 1440
/165/ REIF, R., KAMINS, T.J., SARASWAT, K.C., J.Electrochem.Soc. 126 (1979) 644, 653
/166/ BLOEM, J., GILING, L.J., GRAEF, M.W.M., J.Electrochem.Soc. 121 (1974) 1354; 122 (1975) 840
/167/ ARNOLD, H., Tagungsbericht 26.Int.Wiss.Kolloqu. Ilmenau, vorgesehen 1981
/168/ KÖHNE, H., Krist.u.Techn. 13 (1978) 841, 939, 1059; 14 (1979) 413; 15 (1980) 177
/169/ GILING, L.J., BLOEM, J., J.Crystal Growth 31 (1975) 317
/170/ BLOEM, J., in: HUFF, H.R., BURGESS, R.R.,(Ed.), "Semiconductor Silicon", The Electrochem.Soc., Princeton 1973
/171/ REIF, R., KAMINS, T.J., SARASWAT, K., J.Electrochem.Soc. 125 (1978) 1860
/172/ KRÖGER, F.A., "The Chemistry of Imperfect Crystals", Vol.1-3, North Holland Publ.Co., Amsterdam 1974
/173/ HALL, R.N., Phys.Rev. 88 (1962) 139
/174/ WEBB, W.W., J.Appl.Phys. 33 (1962) 1961
/175/ BLOEM, J., J.Electrochem.Soc. 118 (1971) 1837
/176/ ISHII, T., TAKAHASHI, K., KONDO, A., SHIRAHATA, K., J.Electrochem.Soc. 122 (1975) 1523
/177/ TABE, M., NAKAMURA, H., J.Electrochem.Soc. 126 (1979) 822
/178/ BOZLER, C.O., J.Electrochem.Soc. 122 (1975) 1705
/179/ HURLE, D.T.J., J.Phys.Chem.Solids 40 (1979) 613, 627, 639, 647
/180/ BASS, J., J.Crystal Growth 47 (1979) 613
/181/ POGGE, H.B., KEMLAGE, B.M., J.Crystal Growth 31 (1975) 183
/182/ ZSCHAUER, K.H., VOGEL, A., in: Proc. 3rd Int.Sympos. on Gallium Arsenide and Related Compounds, Inst. of Phys. Conf.Series 9 (1971) 100
/183/ CASEY, H.C., PANISH, M.B., WOLFSTIRN, K.B., J.Phys.Chem. Solids 32 (1971) 571

SYMBOLVERZEICHNIS

mit den Seitenzahlen der Einführung. (Berücksichtigt sind nur solche Symbole, die an späterer Stelle wiederverwendet wurden.)

		Seite
A, AB	Reaktionsprodukte	12
AX	(limitierender) Reaktant	12 (41)
a	Breite der Ablagerungsfläche im Rechteckreaktor	57
BY	Reaktant	12
c, (c_{AX})	Teilchendichte (von AX) im Gaszustand	18
D, (D_o, D_{oo})	Diffusionskoeffizient (bei T_o, sowie bei T_o und P_o als Bezugstemperatur und -druck)	18 (19)
F	Ablagerungsfläche	21
F	Fremdelement	116
f_{th}	thermodynamischer Ausbeutefaktor	105
a_H	Aktivierungsenthalpie	22
ΔH	Reaktionsenthalpie	99
h	(halber) Abstand zwischen Substrat und gegenüberliegender Reaktorwand	18 (19)
h_i	Input-Wert von h	80
j_γ	Diffusionsstromdichte einer Spezies γ	18
j_d, ($j_{d,i}$)	Ablagerungsstromdichte (am Reaktoreingang)	21 (65)
j_f	Dotierungsstromdichte	117
K_{AX}, K_X, K_{H_2}, K_{BY}	Adsorptions-Gleichgewichtskonstanten	29f.
K_1, K_G etc.	Gleichgewichtskonstanten und davon abgeleitete Größen	99, 118ff.
K_V	Verteilungskoeffizient	117
k, (k_i)	spezifische Ablagerungsstromdichte (am Reaktoreingang)	33 (64)
k_B	Boltzmann-Konstante	18
k_H, ($k_{H,i}$)	Geschwindigkeitskonstante einer Hin-Reaktion (am Reaktoreingang)	22 (69)
k_{oH}	Präexponentialfaktor in der Arrheniusgleichung für k_H	22

k_R	Geschwindigkeitskonstante einer Rück-Reaktion	98
k_t, ($k_{t,i}$)	Stoffübergangskoeffizient (am Reaktoreingang)	20 (80)
L	Schichtdicke	21
$\dot{L}$	Ablagerungsrate	21
L_{ch}	charakteristische Länge	20
l, ($\bar{l}$)	(mittlere) Breite der Ablagerungsfläche	57 (64)
N_{CVD}	CVD-Zahl	34, 102
$\dot{N}$	konvektiver Gesamtstrom	64
n	Elektronenkonzentration (Elektronendichte)	130
n_i	Inversionsdichte	131
P	Totaldruck	18
P_γ	Partialdruck einer Spezies γ	18
$P_{\gamma,m}$	Mittelwert von P_γ in y-Richtung innerhalb der konvektiven Zone	18, 92
$P_{\gamma,s}$	P_γ an der Substratoberfläche	18
$P_{\gamma,e}$	P_γ im thermodynamischen Gleichgewicht	99
$P_{\gamma,i}$	P_γ am Reaktoreingang	64
Sh	Sherwood-Zahl	20
T, (T_s)	abs. Temperatur (an der Substratoberfläche)	18 (22)
U, ($\bar{U}$)	lineare Strömungsgeschwindigkeit (Mittel)	59 (76)
$\dot{V}$	Volumenstrom	79
X, Y	gasförmige Reaktionsprodukte	12
y	Ortskoordinate senkrecht zur Oberfläche	18
z	Ortskoordinate in Hauptstromrichtung	57
z_E	Einlauflänge	77
$\propto$	direkte Proportionalität	39
α	Thermodiffusionsfaktor	
(α	Reaktionseffizienz nur	24f.)
(α	gasförmige Spezies nur	20f.)
γ	gasförmige Spezies	21
δ	effektive Diffusionslänge	18
ε	Schichtausbeute	66
φ	Neigungswinkel Substrat/z-Richtung	80

SACHVERZEICHNIS

Der Autor

— wendet sich an Absolventen und fortgeschrittene Studierende von Fachrichtungen des Elektro- und Verfahrensingenieurwesens sowie der Natur- und Werkstoff-Wissenschaften, die mit CVD-Prozessen, insbesondere für die Mikroelektronik, befaßt sind

— stellt, ausgehend vom Zusammenwirken transport-, adsorptions- und reaktionskinetischer sowie gleichgewichtsthermodynamischer Einflüsse, die physikochemischen und verfahrenstechnischen Grundlagen der chemischen Dampfablagerung anhand einfacher Modellfälle dar

— beschreibt als Anwendungsfälle die Gasphasenepitaxie von Silizium und A(III)B(V)-Verbindungen sowie die Schichtablagerung von polykristallinem Si und von Isolatormaterialien wie SiO_2 oder Si_3N_4 in industriellen Chargenreaktoren. Hierbei erfolgt eine neuartige, vereinheitlichende Behandlung von Maßnahmen zur Erzielung hoher Schichtdicken- und Dotierungshomogenitäten

— zeigt Möglichkeiten und Probleme für ein Zurückdrängen der zur Zeit noch vorherrschenden Empirie in der CVD-Technologie.

FSC
www.fsc.org
MIX
Papier | Fördert gute Waldnutzung
FSC® C083411

Zeitfracht Medien GmbH
Ferdinand-Jühlke-Straße 7
99095 Erfurt, Deutschland
produktsicherheit@kolibri360.de